U0246522

THINKr
新思

新一代人的思想

In Search of Nature

寻觅自然

从野性到人性，一位博物学家的沉思集

[美] 爱德华·威尔逊 著
童可依 译

Edward O. Wilson

中信出版集团 | 北京

图书在版编目（CIP）数据

寻觅自然：从野性到人性，一位博物学家的沉思集 /（美）爱德华·威尔逊著；童可依译．-- 北京：中信出版社，2024.7

书名原文：In Search of Nature

ISBN 978-7-5217-6643-1

I. ①寻… II. ①爱… ②童… III. ①社会生物学－文集 IV. ① Q111-53

中国国家版本馆 CIP 数据核字（2024）第 104954 号

寻觅自然——从野性到人性，一位博物学家的沉思集

著者：［美］爱德华·威尔逊

译者：童可依

出版发行：中信出版集团股份有限公司

（北京市朝阳区东三环北路 27 号嘉铭中心 邮编 100020）

承印者：北京通州皇家印刷厂

开本：880mm×1230mm 1/32　　印张：6.25　　字数：88 千字

版次：2024 年 7 月第 1 版　　印次：2024 年 7 月第 1 次印刷

书号：ISBN 978-7-5217-6643-1　　京权图字：01-2024-2797

定价：56.00 元

服务热线：400-600-8099

投稿邮箱：author@citicpub.com

contents 目 录

自然的丰裕
Nature's Abundance

推荐序

但凡翻开这本书的读者朋友，可能都不需要我来介绍作者的背景；E.O. 威尔逊先生的声誉之高，著述之丰，大概率上，这不太会是大家头一次见到的他的书。因此，在这里我不需要赘述他斐然的学术成就以及众多的荣誉和桂冠。然而，我禁不住要指出两点事实。1. 威尔逊先生于 1955 年在哈佛大学取得博士学位后，次年便成为该校的助理教授，并在那里连续晋升为具有终身职位的副教授与教授，执教长达 41 年，直到 1996 年退休。哈佛大学等名校一直有个不成文的规定：为了防止学术上的“近亲繁殖”，本校毕业的本科毕业生一般不能留下来继续读研究生，博士毕业生也不能留校担任教职。助理教授能直接晋升为终身制的，亦属凤毛麟角。2. 在近半个世纪的岁月里，他同时担任哈佛大学比较动物学博物馆的研究员，其间曾与恩斯特・瓦尔特・迈尔、乔治・盖洛德・辛普森以及斯蒂芬・杰・古尔德等人（前二人也均被冠以“20 世纪的达尔文”或“达尔文的传人”之美誉）共过事。哈佛大学比较动物学博物馆是个极为神奇的地方，纳博科夫也曾在那里担任过研究蝴蝶的客座研究员。这两点都从另一个方面说明威尔逊先生是何等与众不同、出类拔萃……

同样，在威尔逊先生的众多著作中，这本书与其他的书不一样：这是一本他晚年的自选集，书中的12篇文章是他本人从已出版的著作中挑选出来的。此外，这些文章虽“系旧文重刊，为保持内容的时新性，大多做了适当修订”；因此，这是一本“精挑细选”、作者自珍的珠玉之作。一如作者在“前言”里开宗明义地写的：

> 这些文章的核心主题是，野性的自然与人性是紧密交织的。我认为，要完全理解两者，唯一的方法是将它们作为演化的产物仔细加以研究……人类行为不仅仅被视为近一万年来有记载的历史的产物，也被视为数百年来塑造了人性的遗传与文化协同变化的产物。我相信，我们需要更长远的眼光，不仅是为了了解我们的物种，也是为了更坚定地保障它的未来。

本书分为三部分。第一部分“动物天性，人类天性”，威尔逊先生回到了他在美国南方童年时代所钟情的三种动物：蛇、鲨鱼和蚂蚁。他从生物演化的角度，探讨了为什么人类及高等灵长类对蛇类似乎有着与生俱来的恐惧和厌恶；惊叹鲨鱼的缤纷多样性（世界上有多达350个鲨鱼物种）；奉劝我们善待蚂蚁这类“卑微的小动物”——它们演化出来的“真社会性”是我们人类自身形成美妙社会性的极为伟大的先驱实验。试看下面的几小段文字，均出自作者的生花妙笔：

> 大脑在大约200万年的时间里，从能人时代到石器时代晚期的智人时代，逐渐演化为现在的形态，在此期间，人们以狩猎－采集者的身份与自然环境密切接触。蛇很重要……在草丛中看到一只藏匿的小动物可以决定晚上是进食，还是保持饥饿。而一种甜蜜的恐惧，那种即使在今天也会使贫瘠的都市之心感到愉悦的，对怪物与爬行的形态心惊胆战的迷恋，会让你仍然期待新一天的到来。生物是隐喻和仪式的天然原料……大脑似乎保留着它旧日的能力、它的迅捷。在丛林退去后的世界里，我们仍然保持警觉并继续存活着。

> 鲨鱼是我们从中演化而来的世界的一部分，因此也是我们的一部分。它们渗透入我们的文化之中，反映着我们最深层的焦虑与恐惧。

> 蚂蚁在很多方面挑战着我们的智慧，吸引着我们的注意力。它们的社会秩序在几乎每个关键的方面都与我们自己的不同……就其巨大的成功与漫长的生命而言，它们有很多东西可以教给我们——当然，不是以榜样的方式，而是通过阐明那些将社会生物学、生态学与演化研究联系在一起的原则。

第二部分“自然的模式”，威尔逊先生探讨了社会生物学（这是他最具革命性的理论贡献，也是最具争议的话题）的基础，即社会行为的基因本质与遗传机制，以及社会生物学对人类未来的影响与意义。他从人类社会行为中的“攻击性”和“利他主义”这两极出发，审视了科学（与艺术一道）如何为我们的智慧演化增添了新内容，并建立了诠释与探索这一演化的新模式：

> 基因所规定的不一定是特定的行为，而是发展某些行为的能力，更多的是在特定环境下发展这些行为的倾向。

> 我们原始的古老基因将不得不在未来承担更多文化变革的重任…… 人类的本性可以适应更全面的利他主义与社会公正形式。基因的偏向性可以打破，激情

> 可以转移或引导，伦理可以改变；人类可以继续发挥其制定契约的天赋，实现一个更健康、更自由的社会。

> 文化深深扎根于生物学。它的演化受到心智发展的表观遗传规律的引导，而这些规律又是由基因决定的。

第三部分“自然的丰裕”，威尔逊先生试图解释人类存在的根基所在，从我们内在的“亲生命性”、生物多样性保护到“环境伦理”等多方面，阐述了我们自身与其他物种之间和谐共存的生态学“铁律”以及继续研究系统生物学的必要性。他指出：

> 假如系统生物学确实是来自前分子时代的已被耗竭的遗物，我们就不应试图阻止它进入衰老的漫长睡眠。然而事实恰好相反。正如在它辉煌的过去，广义的系统生物学在未来也将是生物学的关键。

> 所以今天，人类的思维仍然只是安适地向后和向前看几年，跨度不超过一两代。在过去的时代里，那些基因倾向于短期思考的人比其他人活得更长久，拥有更多的孩子。预言家从未享有过达尔文式的优势。

而对于生态系统来说，明智的资源利用特指保护现存的生态系统，对它们进行微观管理，拯救其中的生物多样性，直到有一天，我们能够全面地理解和利用它们，给人类带来福利。

这是一本哲思清晰、文笔优美风趣、充满睿智的“大家小书”，把作者毕生从事的科学研究的精华以及他对这个世界与人类未来的希冀和盘托出，推心置腹地向读者们深情地娓娓道来。这对于不熟悉他的读者来说，无疑是一本绝佳的入门书；对业已读过他很多著作的读者来说，则不啻是精彩的回顾与系统的总结。

中国传统学人历来崇尚并毕生追求“三立”（立功、立德、立言）；倘若依此标准，威尔逊先生不仅在生前早已“功德圆满”，而且以这本毕世耕耘的文萃而“立言”，在其身后将“百世流芳”。

苗德岁

2024 年 3 月 22 日于堪萨斯州劳伦斯市

前言

这部文集里收录的文章初版于1975年至1993年，讨论了两种原型，也即两个难以把握的概念。第一个是自然，我们认为世界的这一部分是永恒的，超越于我们，也不需要我们，但它是我们的物种的摇篮。第二个是人性，也即我们的本质，我们最初的样子，包括那些使人类结合为一个物种的感官与情感能力，正如语言和种族习俗将我们划分为不同的部落。

这些文章的核心主题是，野性的自然与人性是紧密交织的。我认为，要完全理解两者，唯一的方法是将它们作为演化的产物仔细加以研究。如此一来，博物学便有了更多的意义，而我们通过制造物种灭绝肆无忌惮地消灭的生物多样性也拥有了更高的价值。人类行为不仅仅被视为近一万年来有记载的历史的产物，也被视为数百年来塑造了人性的遗传与文化协同变化的产物。我相信，我们需要更长远的眼光，不仅是为了了解我们的物种，也是为了更坚定地保障它的未来。

马萨诸塞州列克星敦

动物天性，人类天性

Animal Nature, Human Nature

The Serpent

巨 蛇

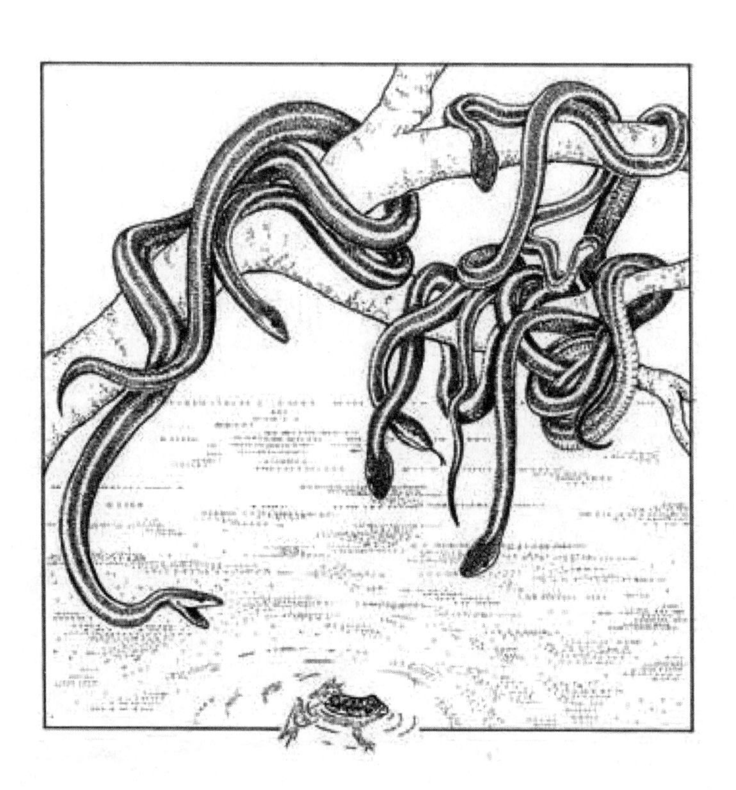

科学与人文、生物与文化通过巨蛇这一现象戏剧性地连接在了一起。蛇的形象以象征的形式被创造出来，是富有魔力的不祥之兆，它能在白日的幻想与睡梦中，轻易地进入意识与潜意识。它毫无预警地出现，又突然离开，留给我们的不是对于任何真正的蛇的具体记忆，而是对于一种更强大的生物——巨蛇——的模糊感知，伴随着一片恐惧与惊奇的迷雾。

这些特质在我一生中时常出现的一个梦境里占据着主导地位，而原因很快就会清晰起来。

我发现自己身处一个水草丰茂的地方，周身一片寂静，笼罩在灰色的荫翳里。当我走进这个阴郁的环境，我被一种陌生的感觉攫住了。面前的地形神秘莫测，处于未知的边缘，宁静而险恶。我必须待在那里，但在梦里却无法理解为什么。突然，巨蛇出现了。它不是一种普通的、字面意义上的爬行动物，而是更多的东西，一种具有非凡力量的威胁性存在。它的大小和形状变幻莫测，全副武装，却又令人无法抗拒。有毒的头部透露着冰冷的、非人类的智慧。当我观望它时，它的肌肉盘旋着滑入水中，潜入支柱根的下方，随后又返回岸边。这条巨蛇在某种意义上既是那个荫翳之地的灵魂，又是通往更深处的通道的守卫者。我感觉到，如果我能捕捉、控制，哪怕只是躲避它，一种无法定义而又巨大的变化便会随之而来。这种预感唤起了古老而无名的情感。同时我也隐约感受到风险，仿佛刀刃或是高耸的悬崖带来的威胁。蛇既富有生命力又威胁着生命，诱人而又诡计多端。现在它靠近我，纠缠着，准备发起攻击。这个梦在不安中结束了，没有得到明确的解决。

蛇与巨蛇，血肉之躯的爬行动物与恶魔般的梦境画面，揭示了我们与自然的关系之复杂性，以及所有生物所固有的魅力与美。即使是最致命、最令人厌恶的生物，在人类心中也被赋予了魔力。人类天生对蛇怀有恐惧，更准确地说，在 5 岁以后，人们有一种天然的倾向，能够快速而轻易地习得这种恐惧。他们从这种特殊的心理状态中构建的形象既强大又矛盾，从恐惧万分的逃离到对于力量与男性性欲的体验。因此，巨蛇已成为世界各地文化的重要组成部分。

这里需要考虑一个非常复杂的原则，它远远超出心理分析对于性象征的一般性关注。任何生命都比几乎任何可以想见的无生命物质更有趣。后者的价值主要在于它可以被活体组织代谢吸收，偶尔与之相仿，或是可以被制成实用且栩栩如生的工艺品。没有哪个正常人会更爱看一堆枯叶而不是它们从上面掉落的树。

是什么使我们与生物如此紧密相连？生物学家会告诉你，生命是大分子从较小的化学片段中自我复制，从而组装成复杂的有机结构；是传递大量分子信息，摄取、生长、目标明确地运动，并繁殖与之非常相似的生物。生物学家中的诗人会补充说，生命是一种几乎不可能的状态，一种对其他系统开放的亚稳态，因而它转瞬即逝——值得不惜一切代价来维持。

某些生物还能提供更多，因为它们对心智的发展有特殊的影响。在 1984 年的《亲生命性》（*Biophilia*）一书中，我提出，与其他生命形式建立联系的强烈冲动在某种程度上是与生俱来的。在传统的科学意义上，支持这一命题的证据并不强：这一主题还没有以假设、推论和实验的科学方式得到足够的研究，使我们多少可以确信它的真实性。然而，亲生命的倾向在日常生活中如此明显而广布，值得认真关注。它在个体从幼儿期开始的可预期的幻想和反应中展现出来。它在大多数或所有社会的文化中涌现为反复出现的模式，这种一贯性在人类学文献中经常被提及。这些过程看似是大脑程序的一部分。其标志是我们学习关于某些动植物的特定内容时的迅速与果决。它们太一致了，以至于我们无法轻易地将其解释为是纯粹的历史事件印刻在了心灵的白板上。

也许亲生命性最奇异的特征之一就是对巨蛇的敬畏与崇拜。在我们对其精神生活做过研究的所有社会中，都有以巨蛇为主导画面的梦境。在任何给定的时刻，至少有5% 的人记得曾经有过这类梦境，而如果他们连续数月记录自己梦醒时的印象的话，这个比例可能会更高。纽约市民所描绘的画面与澳大利亚土著和祖鲁人所描绘的画面一样详细而富于情感。在所有文化里，巨蛇往往会经历神秘的变形。霍皮人（Hopi）熟知水蛇帕鲁卢康（Palulukon），一种仁慈而令人恐惧的神灵般的存在。夸扣特尔人（Kwakiutl）害怕西西乌特尔，一条同时长着人脸和爬行动物脸的三头蛇，梦境中出现它则预示着疯狂或死亡。秘鲁的萨拉纳瓦人（Sharanahua）通过服用致幻药物并用切下的蛇舌轻抚自己的脸颊来召唤爬行动物的神灵。回报是，他们会梦见色彩鲜艳的蟒蛇、有毒的蛇和满是鳄鱼与巨蟒的湖泊。在世界各地，巨蛇与类蛇生物是任何有动物出现的梦境中的主要元素。它们被视为力量与性的活灵活现的象征、图腾、神话主角和神灵。

这些文化现象初看起来似乎是超然而神秘的，但在蛇样的原型背后有一个简单的事实，它存在于普通人的经验中。一看到蛇，大脑就会产生情绪性的反应，不仅害怕它们，还会被它们的细节激发想象并沉迷其中，编织关于它们的故事。这种独特的倾向在我自己不同寻常的经历中扮演着重要角色，那是我童年时与一条巨大而令人难忘的蛇——一个真实存在的生命的邂逅。

我在佛罗里达北部的延伸地带（邻近亚拉巴马州的一些县）长大。像那个地区的大多数男孩一样，我喜欢在树林中徜徉，享受狩猎和钓鱼的乐趣，这些活动是我生活中密不可分的一部分。但我也热爱博物学本身，并且在很小的时候就决定成为一名生物学家。我有一个秘密的愿望，那就是希望能找到一条真正的巨蛇，一条大得惊人或与众不同得超乎想象（更不用说事实）的蛇。

某些条件鼓励了这个少年时代的幻想。首先，我是一个备受父母宠爱的独生子，他们鼓励我发展自己的兴趣爱好（无论多么离奇）；换句话说，我被宠坏了。其次，周围的物理环境为年轻人注入了一种敬畏自然的情感。在四代人以前，那个地区曾是一片荒野，某种程度上其险恶不亚于亚马孙雨林。茂密的龙鳞榈丛一直向下延伸至蜿蜒的泉水和落羽杉沼泽。卡罗来纳鹦鹉和象牙嘴啄木鸟沐浴在阳光里，从头顶掠过，野火鸡和旅鸽仍然被视为猎物。在大雨过后的柔软春夜里，十几种青蛙鸣唱着、鼓噪着，演奏着它们的爱情之歌，汇成一曲大合唱。墨西哥湾沿岸的动物群大多来源于数百万年里从热带地区向北迁徙，并适应了当地温暖气候的物种。小型行军蚁（与南美大型掠食蚁非常相似）的队伍，几乎不为察觉地在夜晚穿过森林地表。络新妇属（*Nephila*）蜘蛛像茶碟一样大，它们在林间空地上织出车库门一样宽的蛛网。

成群的蚊子从死水潭和坑洼里冒出来，折磨着早期的迁徙者。它们传播着疟疾和黄热病这些南北战争时期的瘟疫，定期暴发成流行病，减少了沿海低地的人口。这种自然的限制是坦帕和彭萨科拉之间的地带直到 20 世纪初仍然人烟稀少的原因之一，即使在这些疾病被根除很久之后，这一地区仍然是相对自然的“佛罗里达的另一面”。

蛇的数量众多。墨西哥湾沿岸的蛇比世界上几乎任何其他地方的都种类更多样、种群更密集，人们经常看到它们。束带蛇挂在池塘和溪流边的树枝上，像美杜莎般缠作一团。有毒的珊瑚蛇在落叶堆中搜寻，身上装饰着红、黄、黑相间的警戒色带。人们很容易将它们与它们的拟态者——猩红王蛇——相混淆，后者的身体以另一种红、黑、黄序列的色带组成。林区的人常讲一个简单的规则："红旁黄，杀个小伙；红旁黑，杰克的朋友。"无害的猪鼻蛇体态肥胖，鼻子翘起，让人联想到有毒的非洲加蓬蝰蛇，它们有生吞蟾蜍的习性。2 英尺[①] 长的侏儒响尾蛇与 7 英尺甚至更长的菱斑响尾蛇形成对比。水蛇对爬行动物学家来说是大杂烩，人们需要通过体型、颜色和鳞片的排列方式来区分，包括游蛇（*Natrix*）、华游蛇（*Seminatrix*）、蝮蛇（*Agkistrodon*）、沼泽蛇（*Liodytes*）和泥蛇（*Farancia*）等 10 种。

当然，丰度和多样性也是有限的。由于蛇以青蛙、老鼠、鱼类以及其他大小类似的动物为食，它们的数量必然比猎物稀少。你不可能出去散个步，就能一条接一条地看到它们。往往可能经过一小时的仔细搜寻，一条蛇也找不到。但我的个人经验可以证明，在任何一天，你在佛罗里达州遇到蛇的可能性要比在巴西或新几内亚高 10 倍。

说来奇怪，蛇的种类丰富是合理的。尽管墨西哥湾荒野的大部分已经变为柏油路和农田，人们在这片土地上能听到电视和飞机的声音，但一些古老的乡村文化遗留了下来，仿佛人们仍然面临着荒蛮与未知的挑战。"让森林后撤，填满土地"仍是一种普遍的情绪，是殖民者的伦理与久经考验的《圣经》智慧（正是这种智慧使黎巴嫩的雪松

① 1 英尺约等于 0.3 米。——编者注

林变成了今天的荒土)。蛇的显著存在为这种古老的信仰提供了象征性的支持。

在这片偏僻地带有人定居的一个半世纪里，对于蛇的共同经验已被编织为关于蛇的传说。人们仍然会听说，如果砍掉响尾蛇的头，它会一直存活到日落时分。如果蛇咬了你，要用刀切开伤口并用煤油清洗以中和毒素（如果说有人经过这样的治疗后活了下来，那么我从未遇到过）。如果你全心信仰耶稣，你可以毫无畏惧地将响尾蛇和铜头蝮挂在脖子上。如果它们仍然咬你，那就承认这是上帝的旨意，并在随之而来的一切中找到安宁。然而，猪鼻蛇往往是滑溜溜的S形的死亡象征。那些靠得太近的人，蛇将向他们的眼睛喷射毒液进而使其失明；蛇皮上的气息本身就是致命的。这个物种受益于它可怕的传说：我从未听说有任何人将它们杀死。

森林深处生活着拥有惊人的强大力量的生物。(那正是我最想听到的。)其中之一就是环蛇。怀疑论者（我们常常看到他们在周六早晨沿着县法院的栏杆蹲成一排），说这只是一个神话；另一方面，它可能是由于特殊环境而变得凶猛的常见鞭蛇。在转变之后，它把尾巴塞进嘴里，以极快的速度滚下山坡，攻击惊恐的受害者。然后是关于偶尔出现的真正怪物的报道：一条据信生活在某片沼泽里的巨蛇（无论如何，它曾经存在过，即使近年来没人见过它）；几年前一个农民在城边杀死的一条12英尺长的菱背响尾蛇；最近有人在河边看到的一种无法归类的奇异动物，当时它正在晒太阳。

在南方小镇长大是一件美妙的事情，那里的人们半信半疑地看待动物寓言故事，为青少年的心灵注入了一种未知感与可能性——仿佛可以在离你的居住地一天行程以内的地方发现奇异的事物。在斯克内克塔迪、利物浦和达姆施塔特等地的周边环境中就没有这种魔力，想到所有居住在这些地方的儿童的选择已经被最终限制了，我感到一丝悲哀。我离开了莫比尔、彭萨科拉和布鲁顿，以一种悠然的强烈兴致探索周围的森林和沼泽。我养成了静观和专注的习惯，这种习惯在我进行野外考察时仍然使我受用，我已经学会博物学家技艺的一部分——召唤旧日的情感。

其中一些感受一定是我和我的朋友们所共有的。20世纪40年代中期的炎热季节里，在春季橄榄球训练和秋季的常规比赛之间，参加公路清理队和去户外探索几乎就是我们的所有活动。但有一些不同之处：我全情投入地追寻蛇的踪迹。在1944—1945年的布鲁顿高中橄榄球队里，大多数球员都有南方人喜欢的幼稚化的昵称和缩写：布巴·乔、弗利普、A.J.、桑尼、休、金宝、朱尼尔、斯诺克、斯基特。作为体重不足的左边锋三线替补，我只有在对手被彻底击败且无力反超的第四节才能上场，我的昵称是“蛇”。尽管我为这种对男性气概的承认感到非常自豪，但我的主要希望和精力都投入到了其他地方。那个地区令人难以置信地有 40 种本土蛇类，而我几乎捕捉到了所有的种类。

其中一种蛇因为难以捉摸而成为我的特别目标：光滑的亮光水蛇（*Natrix rigida*）。成年蛇静卧在浅水池远离岸边的底部，从藻绿色的水中探出头，以便呼吸和观察四周的水面。我非常小心地朝它们蹚过去，避免蛇类最警惕的左右移动。我需要在三四英尺的距离内进行潜水扑抓，但在我能够跨过这段距离之前，它们总会把头缩进水里，悄无声息地溜到不透明的深处。最后，在镇上最出色的弹弓能手的帮助下，我解决了这个问题。他是一个沉默寡言、年龄与我相仿的孤独者，自负且易怒，这样的孩子在过去可能会在安提塔姆战役或夏洛之战中表现出色。他朝着蛇头投掷小石子，让我得以趁机在水下抓住它们。在稍事恢复后，这条捕获的蛇被关在我们后院自制的笼子里养了一段时间，以盛水的盘子里的鲜活小鱼为食。

有一次，在离家几英里[1]远的沼泽深处，半是迷失半是不经意地，我瞥见了一条没见过的、色彩鲜艳的蛇消失在一个淡水虾的洞穴里。我猛冲过去，伸手去抓，盲目地

---

① 1 英里约等于 1 609 米。——编者注

摸索着。可惜为时已晚：蛇已经扭动着离开了我能触及的范围，进入了洞穴更深处。直到后来我才想到一种可能性：如果我成功了，而蛇是有毒的呢？另一次，我又头脑发热了，当时我低估了一条侏儒响尾蛇的攻击范围，它比我想象中更快地扑了过来，以惊人的威力击中了我左手的食指。由于这种爬行动物体积较小，唯一的后果是手臂暂时肿胀，而在寒冷天气到来时，我的指尖仍会有些麻木。

在一个寂静的 7 月早晨，我在布鲁顿由自流井供水的沼泽里发现了我的巨蛇，当时我正沿着一条长满杂草的小溪努力向更高处前进。毫无预警地，一条巨大的蛇从我脚下冲出，跃入水中。它的动作尤其让我吃惊，因为那天直到那一刻为止，我只遇到过静静蜷在泥岸和树桩上的体型适中的青蛙与龟。这条蛇几乎和我一样大，暴力且喧闹——可以说是我的同道。它以宽广身体的波浪运动迅速游向浅浅的河道中央，然后停在沙质浅滩上。它不完全是我想象中的怪物，但仍是不同寻常的。这是一条食鱼蝮（*Agkistrodon piscivorus*），一种有毒的蝮蛇，长度超过 5 英尺，身体像我的胳膊一样粗，头部有一个拳头那么大。这是我在野外见过的最大的蛇。后来我计算过，它几乎接近该物种已有记录的最大尺寸。这条蛇现在静静地躺在清浅的水中，完全暴露在我的视野里，它的身体在池边的杂草中伸展，头部以斜角朝向后方，观察着我的靠近。食鱼蝮就是这样。它们并不总是像普通的水蛇那样继续前进，直至消失在人们的视线中。虽然无法从仿佛含笑的、凝视着的僵硬黄色眼睛中读出情感，但它们的反应与姿态使它们显得傲慢，仿佛能从人类与其他大型敌人的警惕中看到自己力量的倒影。

我按照驯蛇师的惯例行事：从蛇头后方将蛇棒按在蛇身上，向前滚动棒子使其头部牢牢固定住，用一只手环绕着从膨胀的颌肌后方抓住它的脖子，放下棒子用另一只手从后方抓住蛇身中段，将整条蛇完全从水中提起。这种技巧几乎总能奏效。然而，这条食鱼蝮的反应让我大吃一惊，使我即刻陷入了危险。它沉重的身体抽搐着，微微扭动着头和颈，穿过我抓握的手指，张开嘴展示出长达1英寸[①]的毒牙，露出令人生畏的惨白色“内衬”，进行威胁性的“棉口”展示。肛腺分泌物的恶臭弥漫在空气中。就在那一刻，早晨的炎热变得更加显著，这一幕显然变得荒唐可笑，我开始思考自己为什么会独自一人待在这个地方。谁会发现我？蛇开始扭动头部，试图用嘴咬住我的手。我不是我这个年龄里非常强壮的孩子，我逐渐失控。我想也没想就把这条巨蛇扔进了树丛里，这下它疯狂地挣扎着逃离，直至消失不见，我们彼此都摆脱了对方。

---

① 1英寸等于2.54厘米。——编者注

我坐下来，任由肾上腺素狂奔，心跳加速，双手颤抖。我怎会如此愚蠢？蛇到底有什么让人如此厌恶又着迷？回想起来，答案看似很简单：它们保持隐匿的能力，它们柔软无肢的身体中所蕴含的力量，以及由尖锐空心的牙齿注射的毒液所带来的威胁。对蛇感兴趣并对它们的普遍形象产生情感反应，超越一般的谨慎和恐惧，这对基本的生存是有利的。大脑中与生俱来的规则（以学习偏好的形式呈现）是：对任何具有蛇形特征的物体立刻警觉。需要不断学习这种特定的反应以确保自己的安全。

其他灵长类动物也演化出了类似的规则。当非洲森林中常见的长尾猴和黑颚猴看到蟒蛇、眼镜蛇或鼓腹巨蝰时，它们会发出一种独特的刺耳呼叫声，以唤起群体中其他成员的警觉。（不同的呼叫声用于指代鹰和豹子。）其中一些成年的猴子会在安全距离处跟踪入侵的蛇，直至它离开该区域。这些猴子实际上传播了一种针对危险蛇类的警报，有助于保护整个群体，而非仅仅是遇到危险的个体。最引人注目的事实是，那些可能对它们构成威胁的蛇类会引发最强烈的警报。某种程度上，显然是通过本能的路径，长尾猴与黑颚猴已经成为合格的爬行动物专家。

对人类的灵长类近亲恒河猴的研究支持了人类对蛇的厌恶是与生俱来的观点。恒河猴是生活在印度及周边亚洲国家的大型棕色猴类。成年恒河猴看到任何一种蛇时，都会产生它们这个物种普遍的恐惧反应。它们会做出不同的动作，比如退后并凝视（或转身离开），蹲下，掩面，吠叫，尖叫，扭曲面部并做出恐惧痉挛的表情——嘴唇后缩，露出牙齿，耳朵贴在头上。在实验室里饲养的恒河猴，即使先前没有接触过蛇，也会对它们产生与野外捕获的恒河猴相似但较弱的反应。在旨在测试反应特异性的对照实验中，恒河猴对放置在笼子里的其他非蛇类物体没有反应。蛇的形状（可能还有它们独特的运动）是引发恒河猴做出本能反应的关键因素。

我们暂且认为，至少在某些非人类灵长类动物中，对蛇的厌恶确实有遗传基础。随之而来的可能性是，这种特质是通过自然选择演化而来的。换言之，对蛇产生恐惧反应的个体可以比那些不产生反应的个体繁殖更多的后代，因此快速习得恐惧的倾向得以通过种群传播——或者，如果该倾向已经存在，则会在种群中维持较高水平。

生物学家如何检验这种有关行为起源的假设？他们沿着自然历史进程倒推，寻找没有受到环境中有利于演化变化的力量影响的物种，看看这些生物是否不具备该特征。狐猴作为猴子的原始近亲，提供了这样一种倒推的机会。它们是马达加斯加的土著居民，那里没有大型的或有毒的蛇类威胁它们。事实证明，关在笼子里的狐猴在面对蛇时没有展示出类似非洲与亚洲猴类的自发恐惧反应。这是一个充分的证据吗？在科学论述的纯洁语言中，我们只能得出结论：证据“与这个命题一致”。这个命题或任何类似的假设都无法通过单一的案例来解决。只有进一步的例证才能提高人们对它的信心，以至于坚定的怀疑者也无法对它提出挑战。

另一条证据来自对黑猩猩的研究，据信，这一物种与类人猿的共同祖先可追溯至500万年前。实验室中饲养的黑猩猩在蛇面前会感到不安，即使它们以前没碰到过蛇。它们会后退到一个安全的距离，并紧盯着入侵者，同时通过“哇！”的警告呼叫声提醒同伴。更重要的是，这种反应在青春期逐渐增强。

最后这种特质尤其有趣，因为人类经历了大致相同的发育顺序。5岁以下的儿童对蛇并没有特别的焦虑感，但随后他们变得越来越警惕。只消有一两次稍微不好的经历，比如看到一条束带蛇在草丛中扭动着游走，被玩伴用橡皮模型逗弄，或是听到辅导员在篝火边讲述可怕的故事，就足以让孩子们产生深刻而持久的恐惧。这种模式在人类行为的个体发育过程中即使不是独特的，也可以说是不寻常的。其他常见的恐惧，尤其是对黑暗、陌生人和巨大噪声的恐惧，在7岁以后开始减弱。相反，逃避蛇的倾向却会随着时间的推移而增强。当然，也可以将思维导向相反的方向，学会处理蛇而不感到不安，甚至以某种特殊的方式喜欢它们，就像我一样——但这种适应需要专门去培养，通常需要一点强迫和自我意识。这种特殊的敏感性同样可能导致充分发展的蛇类恐惧症，即仅仅看到蛇出没就会引起恐慌、冷汗和恶心的感觉。我目睹过这些情况。

在亚拉巴马州的一个露营地，一个星期日的下午，一条 4 英尺长的黑游蛇从树林里滑出，穿过空地，向附近一条小溪旁高高的草地前进。孩子们指着它大声叫喊。一位中年妇女尖叫着倒在地上哭泣。她的丈夫冲到皮卡货车上取出一支猎枪。但黑游蛇是世界上速度最快的蛇之一，它顺利地躲到了掩蔽处。旁观者可能不知道这种物种是无毒的，对任何比棉鼠大的生物都是无害的。

在世界的另一边，位于新几内亚的艾伯巴恩村，我听到喊声并且看到人们沿着一条小路奔跑。当我赶上他们时，他们已围拢成一圈，包围着一条悠闲地穿过一所房子前院的小棕蛇。我钳住蛇并将它带走，以便用酒精保存它，给哈佛大学博物馆收藏。这一看似勇敢的行为引起了我的东道主们的钦佩或者说是怀疑——我不能确定是哪一种。第二天，当我在附近森林里采集昆虫时，孩子们跟随着我。其中一个孩子手里抓着一只巨大的轮蛛给我，它毛茸茸的腿挥舞着，邪恶的黑色毒螯肢上下活动。我感到恐慌和恶心。我恰巧有轻度的蜘蛛恐惧症。每个人都会有自己害怕的东西。

为什么蛇在人类心智发展的过程中会产生如此强烈的影响？直接而简单的答案是，在人类的历史中，一些种类的蛇一直是导致疾病和死亡的主要原因。除南极洲外，每个大洲都有毒蛇。在亚洲和非洲的大片地区，已知的蛇咬致死率为每年每 10 万人中的 5 人或更高。缅甸的一个省份保持着当地的纪录，每年每 10 万人中有 36.8 人死于蛇咬。澳大利亚拥有数量异常丰富的致命蛇类，其中大多数是眼镜蛇的亲属。其中，虎蛇因其巨大的体型和毫无预警的咬击尤其令人畏惧。南美洲和中美洲生活着巨蝮、矛头蝮和铜头蝮，它们是最大且最具攻击性的蝮蛇。它们背部的颜色像腐烂的叶子，尖牙足以穿透人的手，它们潜伏在热带森林的地表，以小型恒温动物为主要猎物。很少有人意识到，危险蛇类，即“真正的”毒蛇，在欧洲仍然相对丰富。极北蝰的分布范围直至北极圈。在瑞士和芬兰等不太可能发生蛇咬的地方，每年被咬的人数仍然相当多，达数百人，这让户外爱好者保持警惕。甚至爱尔兰，世界上少数几个没有蛇（由于最后一次更新世冰川作用，而非圣帕特里克）的国家之一，也从其他欧洲文化中引入了关键的蛇的象征与传统，并在艺术和文学中保留了对蛇的恐惧。

自然界的作用似乎已被转译为文化象征，这一过程的顺序如下。数十万年以来（这段漫长的时间足以使大脑发生适当的遗传变化），毒蛇一直是造成人类伤亡的重要原因。人们对这种威胁的反应不仅仅是回避它，就像经过试错后能够识别有毒的浆果一样。人们还表现出与非人灵长类动物相似的恐惧和病态迷恋。他们在幼年期继承了强烈的厌恶倾向，这种倾向与日俱增，就像我们最近的演化亲属——黑猩猩——一样。心灵接着增添了更多独特的人类特性。它以情感作为源泉，丰富了文化。蛇在梦中突然出现的倾向，它的蜿蜒身形、力量与神秘成为神话和宗教的自然成分。

想象一下感觉与情绪状态如何在梦中被加工成故事。梦者听到远处的雷声，梦中的场景变换着，以一扇门猛然关上的声响结束。他感到一种普遍的焦虑，他被带到一条学校走廊，在那里寻找一间他不知道的教室，为了参加他没有准备的考试。当睡眠中的大脑进入其常规的梦境阶段（以闭着的眼皮下的快速眼动为标志），下脑干中粗大的神经纤维向上放电至皮质。被唤醒的头脑的回应是，提取记忆并围绕造成身体与情感不适的源头来编造故事。它急于再现刚刚感受的真实经验的元素，通常以混乱而古怪的形式呈现。而蛇往往以一种或多种这类感觉的化身出现。其中最重要的是对蛇直接的与字面意义上的恐惧，但梦中的形象也可能被性欲、对支配与权力的渴望以及对暴力死亡的担忧所唤起。

我们无须借助弗洛伊德的理论来解释我们与蛇的特殊关系。蛇最初并不是梦和象征的载体。似乎恰恰相反，因此这种关系也更容易研究和理解。人类对有毒蛇类的具体经验在经过遗传演化进入大脑结构之后，才催生了弗洛伊德现象。心灵必须从某些事物中创造出象征和幻想。它倾向于先前存在的最强大的形象，或者至少会遵循创造这些形象（包括蛇的形象）的学习原则。在20世纪的大部分时间里，也许因为过度沉迷于精神分析学，我们混淆了梦与现实，混淆了梦的心理效应与根植于自然界的终极原因。

在那些前科学时代的人（他们的梦境是与精神世界相通的渠道）当中，蛇是日常经验的一部分，巨蛇在文化建构中扮演着核心角色。有一些用于简单保护的魔法咒语，例如《阿达婆吠陀》中的圣诗："我用我的眼杀死你的眼，我用毒药杀死你的毒药。哦，巨蛇啊，死去吧，不要活着；你的毒将返回到你身上。"

"因陀罗曾杀死你的第一个祖先，哦，巨蛇，"圣诗还在继续，"自从他们被击败后，他们究竟还有什么力量呢？"因此，这种力量可以被控制，甚至可以通过医卜和施展魔咒转移给人类所用。两条蛇缠绕着一根魔杖，这最初是众神信使墨丘利有翼的权杖，而后成为使节和传令官的安全通行证，最后则成了医学职业的普遍象征（被误认为是古希腊神话中的医药神阿斯克勒庇俄斯的权杖，而后者是被一条单独的蛇缠绕着）。

巴拉吉·蒙德克（Balaji Mundkur）展示了人们对蛇天生的敬畏如何在世界各地发展为丰富的艺术和宗教作品。巨蛇的形态在旧石器时代的欧洲石雕上蜿蜒，也被刻在于西伯利亚发现的猛犸牙上。它们是夸扣特尔人，西伯利亚雅库特人和叶尼塞－奥斯蒂亚克人，以及许多澳大利亚土著部落萨满的权力与仪式的象征。风格化的蛇常被视为赐予生育力量的神灵的护身符：迦南人的阿什脱雷思，汉族的伏羲和女娲，以及印度教的穆达玛与摩纳娑。古埃及人崇拜至少 13 个蛇神，这些蛇神掌管着健康、多产与植被的不同组合。其中最著名的是三头巨蛇尼赫伯考，它广泛巡视这个河流王国的各个部分。刻有眼镜蛇神标志的黄金护身符被放在图坦卡蒙的葬礼裹尸布里。甚至连蝎子女神塞尔凯特也被称为“蛇之母”。与她的后代一样，她同时是邪恶、力量与善好的源泉。

阿兹特克的众神系统是一个由奇异形态构成的幻影集，其中巨蛇被赋予了重要地位。其历法符号包括蛇形的“四运动”（olin nahui）、巨型海怪西帕克特利——一种拥有分叉的舌头和响尾蛇尾巴的鳄鱼。雨神特拉洛克部分是由两条缠绕在一起的响尾蛇组成的，它们的头靠在一起，形成了雨神的上唇。Coatl（意为“巨蛇”）是阿兹特克神灵名字中常出现的成分。科亚特利库埃是由蛇与人类的身体部分组成的具有威胁性的怪物；西瓦科亚特尔是生育之神与人类的母亲；休科亚特尔是火蛇，每隔52年，火焰会在其身上重新燃起，标志着一个重要的宗教历法分界点。羽蛇神是拥有人类头部、披着羽毛的巨蛇，是晨星与昏星之神，掌控着死亡与复活。作为历法的创造者，书籍与学识之神，以及祭司的守护神，他在贵族与祭司接受教育的学校里得到尊奉。据说，他将乘坐蛇筏从东方的地平线上离开，这对当时的知识分子来说一定是令人震惊的事件，情形很像今日知识分子听闻古根海姆基金会被解散了。

矛盾的蛇类形象也是古希腊宗教的特征。在宙斯的早期形象中，有一条名为梅利切奥斯的蛇，既是爱神，温和且能回应祈求，又是复仇之神，人们在夜晚为其献上祭品。另一条巨蛇保护着阿瑞斯之泉纯净的水域。他与厄里倪厄斯并存，后者是来自地下世界的复仇之灵，他们如此可怕，以至于无法为早期的神话所描绘。欧里庇得斯在他的《伊菲革涅亚在陶洛人里》（*Iphigeneia in Tauris*）中将他们描绘成蛇：“你看到她了吗，她是冥界之蛇，张大着嘴/来杀我，带着致命的毒蛇？”

狡猾、欺骗、恶意、背叛，以及分叉的舌头在面具般的头部迅速伸缩所暗示的威胁，这一切特质都带有治愈与引导、预言与赋能的神奇力量，成为西方文化中最流行的蛇的形象。伊甸园里的蛇，如同在梦中出现一样，成为犹太教中邪恶的普罗米修斯，使人类获得了善恶的知识，承担起原罪的重负，作为回报，上帝宣告：

> 我又要叫你和女人彼此为仇，
> 你的后裔和女人的后裔也彼此为仇。
> 女人的后裔要伤你的头，
> 你要伤他的脚跟。

总结一下人类与蛇的关系：生命成为我们的一部分。文化将蛇转变为巨蛇，一种比字面意义上的爬行动物更有力量的受造物。文化作为心灵的产物，可以被解释为一个图像生成机器，通过组合成地图和故事的符号来重新创造外部世界。但心灵无法完全把握现实混杂的丰富性，身体也无法长寿到可以使大脑像万能的计算机那样逐一处理信息。相反，意识会快速超前，高效地掌握某些类型的信息以维持生存。它会轻易地顺从一些倾向，同时自动规避另一些倾向。遗传学与生理学已积累了大量证据，表明这些控制机制本质上是生物学的，以细胞结构的独特性内在地建构于感觉器官与大脑之中。

这些综合的倾向就是我们所谓的人类天性。其中核心的倾向，比如在对蛇的恐惧与敬畏中所彰显的，正是文化的泉源。因此，简单的感知催生出了无穷的具有特殊意义（同时仍然符合创造它们的自然选择力量）的形象。

难道还有其他的可能吗？大脑在大约 200 万年的时间里，从能人时代到石器时代晚期的智人时代，逐渐演化为现在的形态，在此期间，人们以狩猎－采集者的身份与自然环境密切接触。蛇很重要。水的气息、蜜蜂的嗡嗡声、植物茎的向性弯曲都很重要。博物学家的恍惚是适应性的：在草丛中看到一只藏匿的小动物可以决定晚上是进食，还是保持饥饿。而一种甜蜜的恐惧，那种即使在今天也会使贫瘠的都市之心感到愉悦的，对怪物与爬行的形态心惊胆战的迷恋，会让你仍然期待新一天的到来。生物是隐喻和仪式的天然原料。尽管证据远不足够，但大脑似乎保留着它旧日的能力、它的迅捷。在丛林退去后的世界里，我们仍然保持警觉并继续存活着。

In Praise of Sharks

鲨鱼颂

两位生物化学家正在加勒比海地区参加一个科学会议，他们坐在码头上，把脚垂在水里，讨论着当天的议程。突然，一抹暗影从下面掠过，卷起旋涡，其中一人的左腿被猛烈地向下拽。

“我的上帝！”那位被攻击的科学家喊道，“一条鲨鱼刚刚咬掉了我的脚趾。”

“天啊，不会吧！”另一个人惊呼道，向水里凝视着，“是哪一种？”

“我怎么知道？”第一个人想了片刻后回答，“如果你见过一条鲨鱼，就相当于见过所有的鲨鱼了。”

在课堂上，我经常用这个虚构的小故事来解释那些强调形态和功能的一般原理——比如鲨鱼**这种生物**的特质——的科学家（就像这两位生物化学家一样）与那些强调生物多样性的科学家之间的区别。后者，也就是演化生物学家，对物种如何产生以及生物多样性如何维持更感兴趣。

事实上，根据最近的统计，世界上大约有350个鲨鱼物种（不包括它们的近亲，鳐鱼），而且它们彼此之间有许多极为不同的差异。为了对这种多样性有些概念，我们可以从一种被称为海洋垃圾桶的生物开始，也就是虎鲨（*Galeocerdo cuvieri*）。虎鲨身长可达20英尺，体重可接近1吨，经常在充满垃圾的港口逡巡，它们被几乎所有含有动物蛋白的东西（或者说几乎所有东西）吸引。曾捕获的虎鲨标本的胃里含有鱼、靴子、啤酒瓶、几袋土豆、煤炭、狗，甚至是人类残肢。曾经有一条巨大的虎鲨胃里容纳了这么多东西：三件外套、一件雨衣、一张驾驶执照、一个牛蹄、一个鹿角、一打未消化的龙虾，以及一个里面有羽毛和骨头的鸡舍。游泳者偶尔被捕获并不奇怪，但确实可以说，它不是故意的。虎鲨只是个大胃王，并不特别是人类的敌人。

接下来是雪茄达摩鲨（*Isistius brasiliensis*），一种长约18英寸，寄生在鼠海豚、鲸以及像蓝鳍金枪鱼这样的大鱼身上的鲨鱼。（寄生者是这样一种捕猎者，它在一个单位以内食用猎物，但并不将其杀死，至少不会立即杀死。）

这种小鱼的下颌上有一排排成弧形的大牙齿，它将这些牙齿刺入猎物的身体，然后扭动以切割出 1 至 2 英寸宽的锥形皮肤与肉块。多年来，鼠海豚和鲸身上的圆形疤痕一直是个谜，一些人认为这是由细菌感染或无脊椎的寄生虫引起的，直到 1971 年人们发现了雪茄达摩鲨的习性。人们还发现这些小鲨鱼会攻击核潜艇，咬下声呐导流罩的橡胶外层。

尽管雪茄达摩鲨体型较小，但它们并不是最小的鲨鱼。“最小鲨鱼”的称号可能属于一种我们不甚了解的物种，即宽尾拟角鲨（*Squaliolus laticaudus*），其中已知的最大个体长度仅有 1 英尺。相反，鲸鲨（*Rhincodon typus*）则是世界上最大的鱼类；曾报道发现长达 60 英尺、重量超过 10 吨的鲸鲨。但是这庞大的体型对人类或是其他任何比鲸鲨食用的小型鱼类与浮游动物更大的生物都不构成威胁。鲸鲨演化出了与须鲸相似的进食方式，更不用说也有须鲸的体型了。它小心翼翼地游动，通常就在水面以下，通过使大量的水流穿过嘴来捕捉小型猎物。勇敢的游泳者甚至可以潜到鲸鲨旁边，抓住它们的背鳍，搭上一程。

鲨鱼作为一个群体，为演化生物学家所说的生物世界中的适应辐射现象提供了最佳的例子之一：物种的繁衍各自填充了非常不同的生态位。鸟类提供了一个常见的例子；它们已经大大地多样化，形成了捕猎者、食腐者、食虫者、食籽雀类、鸵鸟以及其他大型的不会飞行的物种，两栖（陆地和水域）企鹅、三栖（陆地、水域和空中）海雀，以花蜜为食的蜂鸟和太阳鸟，以及在解剖学和行为上有类似程度特化的其他类型。这种多样化显然减少了成员物种间的竞争，并允许更多的物种进入本土的生态环境，也就是说，允许更多的物种长时间地共同生活而不会灭绝。像加拉帕戈斯群岛（科隆群岛）或夏威夷这样的群岛，由于离大陆太远，仅有少数物种经过很长一段时间可以到达，成功的定居者能够比在其他地方更快地多样化，填充许多传统的主要生态位。比达尔文著名的加拉帕戈斯地雀更引人注目的是夏威夷蜜旋木雀，包括 20 多个物种，它们是由数百万年前来自亚洲或北美的一个类似金翅雀的物种演化而来的。

在全球范围内，鲨鱼的适应辐射范围已达到数一数二的程度。这 350 个物种填充了几乎所有鱼类所占据的主要生态位，还包括鲸和鼠海豚的生态位。除了常见的虎鲨以及其他具有常规外观与行为的鲨鱼，还有刺鲨、棘鲨、须鲨、长须卷盔鲨、角鲨、锯鲨、鼠鲨、哥布林鲨、鳄鱼鲨、睡鲨、侏儒鲨等许多其他物种。

想象一下中大型硬骨鱼可能会做的几乎任何事，你会找到一种或多种在这方面做得差不多一样好，甚至更好的鲨鱼。在深海海底生活着很像鳗鱼的皱鳃鲨，它们有同样巨大的嘴和尖利的牙齿，这是深海捕食鱼类的特征。在皱鳃鲨上方数千英尺的地方，巡游着蓝鲨、黑鳍鲨以及其他流线型的物种，它们像鲭鱼和蓝鱼一样，完美的体型天生适合追逐和灵活运动。在大陆架上可以找到天使鲨，它们行动缓慢，身体呈扁平的四方形，表面看起来像鳐鱼和电鳗；还有锯鲨，它们怪异的长吻上排列着向外突出的牙齿，使它们难以与“真正的”锯鳐相区分。

鲨鱼广泛的多样化常常产生其他群体中所没有的基本类型。长尾鲨是其中较为令人印象深刻的例子。它会以迅猛的冲锋态势将鱼类和乌贼聚拢在一起，然后用它长长的鞭状尾击昏猎物。由于这一特点，渔民在钓长尾鲨的时候常常捕捉到它的尾部而不是嘴部。相反的极端是西太平洋的须鲨。这些鲨鱼呈棒状，嘴部和头部的侧面都有胡须以及连鬓胡子一般的肉质触须。它们斑驳的色彩使其能够融入海底，也因此得名“地毯鲨”。它们性情温和，用胸鳍在海底“行走”。须鲨对人类具有威胁性。当被人踩到时，它们有时会翻转过来，用针般锐利的牙齿咬住侵扰者，将其紧紧攫住。这样的攻击不容小觑，须鲨的长度可达 10 英尺。

我有一个判定实现**真正的**适应辐射的标准：当至少有一个物种专门以同一类群中的其他成员为食时，就达到了这一标准。例如，行军蚁会捕食其他种类的蚂蚁，王蛇会捕食其他蛇类。鲨鱼也加入了这一行列：在密西西比河口附近，体重增长至 500 磅[①] 的牛鲨尤其喜欢以各种较小的鲨鱼为食。在深海中，虎鲨和双髻鲨会更随意地捕食同样的猎物。

在我看来，这种演化的最终产物就是大白鲨（*Carcharodon carcharias*）。它被准确地称为顶级食肉动物，一部杀戮机器，肆意猎杀人类的终极捕食者。大白鲨无疑是地球上体型最大的食肉鱼类。我们确切地知道，它身长可达 21 英尺，体重可达 7 300 磅；还有一些未经证实的说法声称，其身长可达 26 英尺，体重可达 9 000 磅。大白鲨的腹部是白色的，背部由石板灰过渡到黑色。它的牙齿呈锯齿状等边三角形，在嘴的边缘成列排布，断掉后很容易再生。头的前部，即吻部，逐渐变细呈锥状，这是它的一个显著特征，因此它获得了另一个澳大利亚名字——“白色指示棒”（white pointer）。（由于它独特的尖锐，澳大利亚人也称这一物种为“白色死亡”。）大白鲨的嘴部常常显出小丑般的笑容，嘴咧开露出牙齿，像冲压喷气式发动机那样使水流倒灌通过鳃裂。大白鲨是温血动物，保持着远高于周围水体温度的体温。或许是由于这个原因，它分布在

① 1 磅约等于 0.45 千克。——编者注

世界大部分海洋的寒冷水域里，并且在水面以下至 4 300 英尺的深处觅食。

大白鲨捕食种类丰富的硬骨鱼类、其他鲨鱼、海龟，以及诸如鼠海豚、海豹和海狮等海洋哺乳动物。成年大白鲨偏爱海洋哺乳动物，以至于这些原本孤独的生物有时会聚集在海豹和海狮的栖息地附近，比如加利福尼亚的法拉隆群岛以及澳大利亚南部的危险暗礁。大白鲨之所以对人类构成威胁，是因为它并不总能清晰地分辨海豹与人类游泳者。

大白鲨可以通过嗅觉从较远处觉察到猎物的存在，然后靠近观察。在较为清澈的水中，它能从 20 至 40 英尺外看到有人在游泳或是站在冲浪板上。其他类型的鲨鱼可能会谨慎地靠近猎物，绕着它游动，先试探再发起攻击，大白鲨却直接上前攻击。它会向上朝着猎物猛冲，并在最后一刻将眼睛转向后方，（通过抬起鼻子和头部）伸展上颌，放下下颌，然后咬合，所有这些动作都是在闪电般的速度下完成的——据旧金山斯坦哈特水族馆的蒂姆 · 特里卡斯和约翰 · 麦科斯克（他们在澳大利亚南部拍摄了大白鲨觅食的画面）观察，通常在不到一秒之内。然后，大白鲨往往会游开一小段距离，让猎物失血致死。这一习惯使许多游泳者得以幸存，至少当有其他人从附近赶来营救时是这样。这一点也会给营救者提供方便，他们在将受害者拖上岸的过程中，也很少受到攻击。

有一段时间，一些鲨鱼专家认为大白鲨的这种特殊行为表明它们更倾向于咬人，而不是吃人，也许人类的肉质或潜水服的氯丁橡胶不合鲨鱼的口味。另一些科学家则推测，鲨鱼咬人只是为了保卫领地。麦科斯克博士对这两种理论都不予认可，并援引大白鲨袭击人类的方式——从下方和背后袭击，就像袭击其惯常的猎物海豹和海狮一样——作为证据。这是为什么呢？因为，正如麦科斯克博士解释的那样，历经数百万年的演化，大白鲨已经学到了，一旦海豹或海狮发现它，它就不走运了，或者至少它们不会成为它的盘中餐：敏捷的海洋哺乳动物可以轻易地绕开笨拙的鲨鱼的路径，逃离它强大的颌。因此，大白鲨必须靠偷袭捕食。

不幸的是，它尚未学会做出细微的区分。在过去的几十年里，身着橡胶服的潜水员变得越来越像海豹和海狮。当大白鲨抬头望向上方时，它看到了一个似乎熟悉的猎物的轮廓，咬了一口，等待猎物失血而死，然后完成这项任务。

成为比自己体型大 20 倍的生物的猎物是什么感觉？1968 年，弗兰克·洛根在加利福尼亚博迪加贝南端捕捞鲍鱼时，感到有一种奇怪的压力致使其身体左侧发麻。他转过身去，发现自己身体的大部分在一条鲨鱼的嘴里，后者

“消失在了混浊的水中”。他被一条18至20英尺长的大白鲨袭击了。以下是洛根回忆这一经历时的描述：“它将我从侧面推入水中，也许有10至20英尺远，我不确定。但我能感到水在我身边形成涡流；我变得无力，然后装死。我知道如果鲨鱼摇晃我，它会把我撕成碎片。一切都发生得太快了，我没有时间感到害怕。我自言自语：‘放开我，求你放开我！’——我不知道过了多长时间，也许是20秒吧。然后它放开了我。”洛根在朋友的帮助下逃脱了，但用了200针来缝合身体上20英寸长的弧形伤口。

虽然大白鲨的生活方式导致它对人类尤其具有威胁性，虽然没有哪个理智的水肺潜水员会与它一起待在水里（除非是在坚固的钢笼后面），但它并不经常攻击人类。在过去的375年里，新英格兰地区仅有一人殒命于大白鲨之口——1936年7月25日，16岁的小约瑟夫·特洛伊在马萨诸塞州的巴泽兹湾游泳时，被夺去了生命。即使在受攻击率位居世界之首的加利福尼亚海岸，平均每8年也仅有1人死于大白鲨的袭击。相比之下，每年都有10至20条大白鲨被渔民捕杀。由于大白鲨的数量本就比使用同一水域的人类少得多，它们明显处于劣势，尽管这种平衡可能会改变。麦科斯克认为，随着海豹和水獭等海岸哺乳动物受到联邦政府的保护，种群数量逐渐增加，大白鲨的数量也将增加，随之而来的是它们对人类的攻击也会增多，尤其是在加利福尼亚和俄勒冈的沿海地区。

自约 4 亿年前的泥盆纪以来，鲨鱼始终以这种或那种形式存在着，因此它们比任何可被称为人类的存在都要古老 100 多倍。在这一整段时间里，它们的数量一直相当丰富（除了在恐龙时代早期有短暂的下降期），并且在过去的 5 000 万年里，其多样性（可能还有丰富度）也在逐渐增长。只有蟑螂、蝎子以及极少数其他动物类群能与其数量相匹敌。

为什么鲨鱼能如此成功？动物学家不太肯定，但他们指出了几种似乎有助于形成优越适应能力的特征。鲨鱼是在体内受精的，而且在大多数鲨鱼物种中，幼鱼一生下来就可以立即凭自己的力量游走。鲨鱼可以在成功捕获猎物后大吃一顿，然后数周不进食，依靠体内储存的食物存活。事实上，巨大的肝脏与鳃裂和会脱落的牙齿一样，是鲨鱼生物学上的重要组成部分。肝脏里主要是油，占鲨鱼体重的 10% 至 25%。

如果以纯粹的体量和力量作为标准，有史以来最传奇的鲨鱼故事是关于一条鲸鲨的。1959 年，联合国粮食及农业组织的 G. S. 伊卢加松与两名助手在门格洛尔以西的阿拉伯海向 13 名印度渔民教授新技术。他们在两艘钢船上工作，这两艘钢船分别长 27 英尺和 32 英尺，用绳子连接在一起。在发现一条巨大的鲸鲨经过时，伊卢加松决定尝试使用唯一可用的设备，一个 30 英寸的无刺钩和一根 2 英寸的马尼拉钓线。他用钩子钩住了鲨鱼的背鳍，鲨鱼则继续沿着它的航线前进，以稳定的 5 节的速度牵引着两艘船。经过 3 个小时，鲨鱼变得十分疲惫，于是这些人用另外两根钓线和一根缠绕在它背鳍上的钢丝将其固定住。在初次遇到它的 7 个小时后，这条鲨鱼被拖上了岸。它长达 32 英尺，重约 5 吨，超出了一些当地渔民一生所能捕获的分量。

鲨鱼物种的保护尚未开始，尽管我们已经可以为保护鲸和鲸鲨这样明显无害的巨型生物提出理由。我们的问题是无知。人们对于这 350 个物种中的绝大多数都了解甚少，通常仅限于知道它们大致的生存地、一些解剖学知识，以及部分饮食习惯。但我承认我喜欢这种状态。意识到大型的野生动物仍在世界上未被探索的地方自由遨游，让人心潮澎湃。对于科学家和博物学家而言，未知的部分始终比已取样、已拍摄和已测量的内容更有趣。未曾听到的歌声也更甜美……

1976 年，在夏威夷瓦胡岛东北方向水深 1.5 万英尺的海域中，距离水面 500 英尺处，有什么东西被卷入了一艘美国海军研究船用作海锚的降落伞里。在利用用来取回鱼雷的滚筒将其拖上倾斜的船尾时，这个生物被证实是一种全新的 14 英尺长、1 650 磅重的鲨鱼。它有硕大的头部和巨大的嘴，当被锚固定住时，它的大嘴正在滤食磷虾。惊讶的科学家将其命名为“巨口鲨”（megamouth shark），或者更正式地称其为 *Megachasma pelagios*。1984 年 11 月，人们在加利福尼亚南部圣卡塔利娜岛附近捕获了另一例样本，还有几例其他的样本出现在西太平洋。深海里还有什么其他生物在游动呢？

鲨鱼是我们从中演化而来的世界的一部分，因此也是我们的一部分。它们渗透入我们的文化之中，反映着我们最深层的焦虑与恐惧。它们对于我们的关注无动于衷，就像在过去数亿年里一样继续生存着，是神秘的、未被驯服的世界的象征。

In the Company of Ants

与蚁为伴

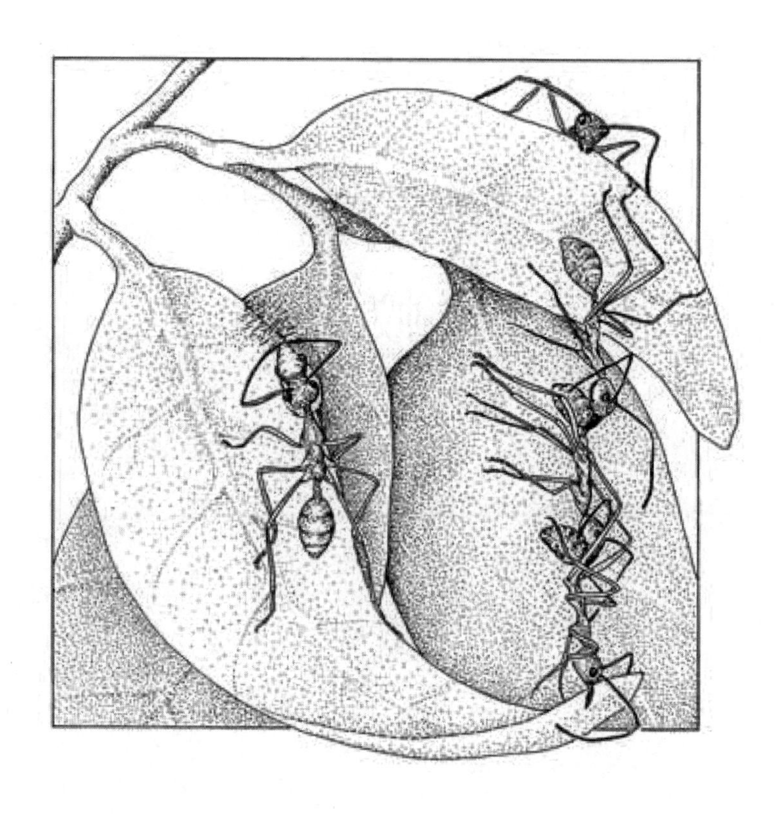

我最常被问到的有关蚂蚁的问题是："我该怎么处理厨房里的蚂蚁？"而我的答案总是一样的："小心脚下。"留心这些小生命。喂它们一些咖啡蛋糕屑，它们也喜欢来点儿金枪鱼和奶油。拿出放大镜，仔细观察它们。这样，你就可以足够近距离地看到社会生活，如同它会在另一个星球上演化出来那样。6 亿多年前，最终演化为蚂蚁和其他社会性昆虫的演化支与最终演化为人类的演化支彼此分离了。昆虫的社会体系完全独立于我们的社会体系，并且在很多方面有着深刻的差异。对于我们而言，它们是值得欣赏的另一项伟大的演化实验。而且事实证明，对其独特之处的研究已经使一些生物学领域受益颇丰。

目前，已有约 9 500 个蚂蚁物种得到描述，并获得了科学命名。我猜测实际存在的蚂蚁物种数可能是这个数字的两到三倍，而且在这个膜翅目昆虫群体中存在巨大的多样性。世界上最小的蚁群可以舒适地生活在世界上最大的蚂蚁的脑壳里。我一直在研究的一类蚂蚁，大头蚁属（*Pheidole*），仅在新大陆就有 285 个已命名的种类。在哈佛大学比较动物学博物馆的收藏里，大约有 600 个种；换言之，其中约有 315 个种是新的科学发现。每隔几个月，收集者都会送来更多的标本。

蚂蚁是地球上占主导地位的小型生物——大小介于细菌与大象之间。根据我的粗略估计，在世界上的任何时刻都有大约 1 000 万亿只蚂蚁。从其总生物量来看，以干重计算，它们真是庞大无比。例如，在巴西亚马孙中部的马瑙斯附近的森林里，蚂蚁和白蚁的生物量占总生物量（包括了从非常小的蠕虫以及其他无脊椎动物到最大哺乳动物的各种生物）的四分之一以上。仅蚂蚁的重量就是鸟类、两栖动物、爬行动物和哺乳动物总重量的 4 倍。在世界上的其他大型陆地栖息地，蚂蚁和白蚁的生物量也接近或超出了这一比例。当我们仅考虑昆虫的生物量时，我们发现蚂蚁和白蚁这两种所有生物中社会性程度最高的生物，再加上社会性黄蜂和社会性蜜蜂（它们的群体组织方式可与蚂蚁相媲美），大约占据了生物量的 80%。这些昆虫统治着从北极圈到火地岛和塔斯马尼亚的昆虫世界。事实上，蚂蚁是与其自身大小相当的小动物的主要捕食者。它们是“墓地小队”（cemetery squad），清理并移除90%以上的小动物尸体。相比于蚯蚓，它们更称得上是土壤的搬运者和丰富者。事实上，尽管社会性昆虫仅占世界上已知的得到描述的昆虫物种的2%，但它们可能占据了大部分的生物量。

自中生代白垩纪中期以来，蚂蚁已经存在了大约1亿年，在过去的5 000万年里，它一直是数量最丰富的昆虫之一。1967年，我和两位同事有幸在哈佛大学描述了中生代的第一批蚂蚁，它们被证明是真正的缺失的链环。这些标本是由业余化石采集者在新泽西州发现的，我们将其命名为*Sphecomyrma*（“蜂蚁”），它们惊人地结合了人们所认为的蜜蜂的祖先与现代蚂蚁的特征。随后，俄罗斯人发现了许多差不多同时期的新化石。

在人类与其直接祖先全部历史50倍长的时间里，蚂蚁是如何保持其统治地位的？我会给你一个我认为正确的简短回答，然后会就其中暗含的主题展开谈谈。

蚂蚁与其他社会性昆虫之所以占据了主导地位，是因为它们的社会组织使其在与独居昆虫的竞争中具有优势。无论你去往世界何处，从雨林到沙漠，社会性昆虫总是占据着中心——环境中稳定且资源丰富的部分。尽管独居昆虫数量也很多，但它们特别适应生活在边缘地带，也就是栖息地中的临时性环境里。它们聚集在外围的叶片里、木头深处、土壤的细小裂缝里，以及其他社会性昆虫尚未占据的地方。一个蚁群可以被视为一超级有机体——一个覆盖觅食场所的巨大的类似变形虫的实体，负责收集食物，并在敌人靠近巢穴前发起进攻。同时，它们照料着蚁后和那些与蚁后一起被隔绝于巢穴中的未成年蚂蚁——包括卵、幼虫和蛹。它们通过劳动分工高效地完成所有这些任务。最重要的是，它们能同时工作。任何任务都不会被长时间搁置。没有任何敌人会被忽视，没有一条从树上掉下的倒霉毛毛虫会被遗漏。此外，个体可以在没有大幅损害生产力的情况下，为蚁群的利益冒险，乃至自杀式地赌上自己的性命。在达尔文的意义上，通过与共同的母亲——蚁后——的密切认同，它们能够比独居昆虫承担更大的风险，它们经常通过集体防御与招募士兵上战场来实现这一点，其战术之精妙值得冯·克劳塞维茨（von Clausewitz）大书特书。蚂蚁社会是已知所有动物群体（无论是独居的还是社会性的）中最好战的。大多数蚂蚁物种会投入频繁的领土争夺战，在这些战斗中，不育的工蚁会发起神风特攻队般的攻击，扭转战局。例如，在西南部的沙漠中，锥臭蚁属（*Dorymyrmex*）的侦察蚁发现了蜜罐蚁属（*Myrmecocystus*）竞争对手的巢穴后，就会招募同群成员，围住巢穴入口，将碎石送至巢穴边缘，倒入其中。任何继续抵抗的蜜罐蚁最终都会被碎石掩埋，至少，它们通向外部的出口暂时被封住了。在马来西亚的雨林里，某些种类的弓背蚁（*Camponotus*）的工蚁拥有异常肥大的成对腺体，这些腺体位于颚的基部，占据了身体的大部分。这些容器里装满了黏性的有毒化学物质。当遇到敌人时，处于极度压力之下的蚂蚁能够收缩腹部肌肉，在敌人面前爆炸，有点像行走的手榴弹。其中一只蚂蚁可以付出自己的生命取走几个敌人的性命。以达尔文的眼光来看，这是一种出色的战术。

蚂蚁社会生活成功的另一个原因是，蚁群致力于将巢穴保持为一个气候稳定的堡垒工厂。蚁后和保育工蚁在里面忙着养育幼虫，迅速扩大种群。巢穴的构造本身可以用来抵御敌人。它由通常极具攻击性的工蚁队伍保护，在很多物种中有专门的兵蚁阶级。这些蚂蚁还控制着巢穴周围的大片区域，从中获取食物。此外，它们能将巢穴（从能量的角度来说，构筑这些巢穴的代价非常高昂）与领土传承给后代。在芬兰南部，筑土蚁的巢穴高达2米，被认为已经有数百年的历史。这样的巢穴，加上蚂蚁的社会体系，使它们得以形成可主宰其所在环境的大规模、高密度的种群。

所有这些惊人复杂的活动都是由本能和基因驱动的，它们不可能通过学习或“文化传递”来实现。

让我描述两个可称为蚂蚁世界的高级文明的例子，以便更明确地阐述这些社会原则。它们都是我亲历过的物种。我对第一个物种的大部分研究是与伯特·霍尔多布勒（Bert Hölldobler）一起进行的，他目前在维尔茨堡大学任教。

非洲和亚洲的织叶蚁（*Oecophylla*），可以追溯到至少5 000万年前的始新世晚期，它们生活在热带雨林的树冠中。这些蚂蚁之所以能够主宰树冠的大部分，不仅是因为其个体体型较大，也是因为它们拥有庞大的种群。成年蚁群中有超过20万只工蚁。由于拥有非凡的沟通系统，整个蚁群可以占据多棵树的顶部——一片覆盖数万平方英尺的区域。如同鼎盛时期的罗马帝国，这片领土通过道路网络紧密相连。蚂蚁还设有卫戍地，工蚁从这里出发收集猎物并保卫巢穴。它们利用丝线构筑部分巢穴，包括隧道和亭子。丝线还被用来将树叶与树枝捆绑在一起。

每个蚁群中只有一个蚁后。蚁后由其女儿们照料。整个蚁群是一个全雌性的社会。雄蚁仅在巢穴中短暂地被养育和保留，只为在婚飞时与处女蚁后交配。它们在完成这项任务后便立即死去。这种蚂蚁的工蚁按大小分为两个不同的阶级。大型工蚁负责蚁群的大部分日常任务，包括照料蚁后、狩猎、建筑和保卫巢穴。小型工蚁则大部分专门照料幼虫，它们是保育阶级。

每个蚁群都有数百个亭子，那是由丝网系在一起的树叶丛。一个亭子可容纳数千只工蚁。蚁群领土边缘的亭子主要由年龄较大的工蚁占据，这个年龄组通常构成蚁群的战士。它们是最可能为保卫蚁群而冒险牺牲的蚂蚁。因此，人类社会与蚂蚁社会的一个基本区别在于，人类会派遣年轻男子去参战，而蚂蚁则会派遣年长的雌性蚂蚁。

另一个区别是，人类主要通过视觉与听觉来定位和交流，而蚂蚁则主要通过味觉与嗅觉。在大多数蚂蚁物种中，每只工蚁的体内都有 10 到 20 个外分泌腺，它们以某种方式将化学分泌物释放到体外，蚁群的其他成员就会闻到或尝到。这些分泌物在不同情境下起到警报、招募、识别蚁群成员、识别阶级等作用。

织叶蚁也许拥有动物王国中最复杂的化学系统。工蚁有至少五个不同的招募系统，这些系统根据信息素传递的环境以及蚂蚁传递信息时的触觉信号（例如，它们如何敲击、靠近、冲向或站在其他蚂蚁上面）来区分。这些组合信号向蚂蚁传递情况，并引导它们做出相应的反应。若翻译成我们的语言，织叶蚁的这五个招募系统分别是“附近有敌人”“远处有敌人”“发现了我们可以抵达的新领地”“发现了适合建造亭子的新地点”，以及“发现了食物”。

或许更引人注目的是织叶蚁建造亭子的方式，这也是它们得名的原因。它们的劳动高度专业化且协调有序。首先，一大群工蚁施加压力，将叶片折叠并聚拢在一起，以便用丝网将其捆绑。蚂蚁们相互抓住腰部形成一条活链；最后一只蚂蚁抓住一片叶子，将其拉起并卷曲。如果一条活链还不够，它们就会组成一片片活链来使植物符合它们的需求。叶片正确排列后，工蚁会带来它们的未成年姐妹，也就是已经处于发育晚期阶段的小型的像蛆一般的幼虫，将其当作活织机。工蚁将幼虫的头部放在需要释放丝线的位置，并用触角触碰幼虫，向它发出精确的信号，使其释放一条丝线。随着幼虫释放丝线，蚂蚁将丝线拉到另一片叶子边缘。这一过程会重复上千次，直到幼虫没有更多织茧的丝线。但这并无大碍；赤裸的蛹会在可怕的蚁群中受到保护，最终成年。

第二个高级文明的典型代表是新世界热带地区的切叶蚁（*Atta*）。实际上有十几种切叶蚁，但是在维持帝国般的农业国家方面，它们似乎都有相似的习惯。蚁群几乎完全以新鲜摘取的、在叶片以及其他植被上生长的真菌为食。它们多少也会以植物汁液为食。只有一种真菌与它们共生，而且完全依赖于蚂蚁。

整个蚁群是由一只蚁后创造的，它的体型大约只有你拇指的一半大小。在还是处女时，它还有翅膀。它会离开母巢进行婚飞。在空中，它和其他蚂蚁——它的姐妹以及来自其他蚁群的成千上万的蚁后——与同样是为了这仅有一次的证明其短暂生命之价值的举动而飞出来的雄蚁相遇。在空中，它与5只或更多的雄蚁交配，将获得的所有精子都储存在与输卵管相邻的一个小小的弹性囊里。精子的数量足够使所有卵子受精，产下约1.5亿只雌性工蚁，而在蚁群10至15年的寿命里，任何时候都有200万至300万只雌蚁存活。接着，蚁后在地面上安顿下来，它干燥的薄膜状的翅会在一条特殊的离断线上轻松掉落。它在地面上挖一个洞穴，准备产卵并形成一个蚁群。但是，你可能会问——它准备怎样营造真菌园呢？在离开母巢前，蚁后仔细地收集了那里的真菌丝，将其塞进嘴基部的一个特殊口袋里。现在，它将真菌丝吐出来，产卵，并利用产下的卵和粪便在蚁巢的地面上开启一个真菌园。

一种基于阶级（而这种阶级又是基于不同的头部宽度，从0.8毫米到5毫米以上）的复杂劳动分工，使这一物种的蚁群得以创造和维持其农业经济体系。蚂蚁形成一条不断流动的装配线，将叶子和真菌的加工从最大的工蚁逐渐移交给较小的工蚁。成千上万只最大的工蚁在距离巢穴100米开外的地方以标志性的方式切割叶子、花朵和茎秆。它们将处理后的叶片像伞一样顶在头上，沿着腹部末端腺体释放的二甲基吡嗪所形成的气味轨迹返回巢穴。这种物质的效果十分强大，仅仅几个分子就足以刺激一只蚂蚁。识别出这种化学物质的化学家估计，如果它能以理论上的最大效率释放，一克的量就足以引导一列蚂蚁环绕地球两周。

这些最大的工蚁的能量消耗同样很大。我曾热衷于跟踪统计，为了消遣，我将它们在运输叶子时的移动速度转换成了人类的尺度。如果其中一只蚂蚁是一个 6 英尺高的人，它将以每英里 3 分 45 秒的速度沿着那些二甲基吡嗪所形成的气味轨迹奔跑。这差不多是目前人类的世界纪录。在跑完大约是一场马拉松的距离后，它将搬起 300 磅或更重的负载，以稍慢一些的速度，即每英里 4 分钟，将其带回巢穴。抵达巢穴后，它会穿过巢穴的走廊和房间，行程长达 1 英里，然后才放下带回来的树叶。

现在回到装配线。这些碎片进入巢穴后，会被交给稍小一些的工蚁，后者将叶片切成约 1 毫米宽的碎片。这些碎片被交给更小的工蚁，它们将其咀嚼成小小的团块，然后在上面排泄，从而将消化酶传递到树叶碎片上。这些消化酶存在于蚂蚁赖以生存的真菌中，经过了蚂蚁的肠道却没有被消化。然后，更小的工蚁用这些咀嚼和处理过的叶片材料在真菌园的顶部建造一个类似海绵的结构。再小一些的工蚁从其他地方带来正在生长的真菌，将其植入这些团块。最小的工蚁（它们构成了数量最多的阶级）负责照料真菌、清除异种真菌，以及执行复杂的园艺操作。真菌有美味的小小的膨胀顶端，可以像采摘蔬菜一样从生长的真菌群上将其摘下来食用。

我的实验室研究揭示，随着蚁群年份的增长，以及随着其种群从最初的几只工蚁扩展到近10万只，其尺频分布会按照一种相当可预测的“被编码的人口统计学”而发生变化。不同阶级的死亡与出生进程几乎总是以相同的方式进行。令人惊讶的是，蚁后在首次建造地下巢穴时产下的新工蚁的尺频分布恰好涵盖了建立整个蚁群装配线所需的最小体型差异。只要蚁后犯下一个错误，养育了一只过大的工蚁，摄取了过多的食物，就会无法养大足够多其他大小的工蚁来构成完整的装配线，蚁群也将死亡。这种社会层面的“人口效应”显然是由自然选择塑造的。

蚂蚁在很多方面挑战着我们的智慧，吸引着我们的注意力。它们的社会秩序在几乎每个关键的方面都与我们自己的不同。早在第一批灵长类动物（更不用说第一批人类）出现在地球上以前，它们便已掌控了大部分陆地环境。在1亿年的大部分时间里，它们对其余陆地生物产生了深远的影响。就其巨大的成功与漫长的生命而言，它们有很多东西可以教给我们——当然，不是以榜样的方式，而是通过阐明那些将社会生物学、生态学与演化研究联系在一起的原则。

Ants and Cooperation

蚂蚁与协作

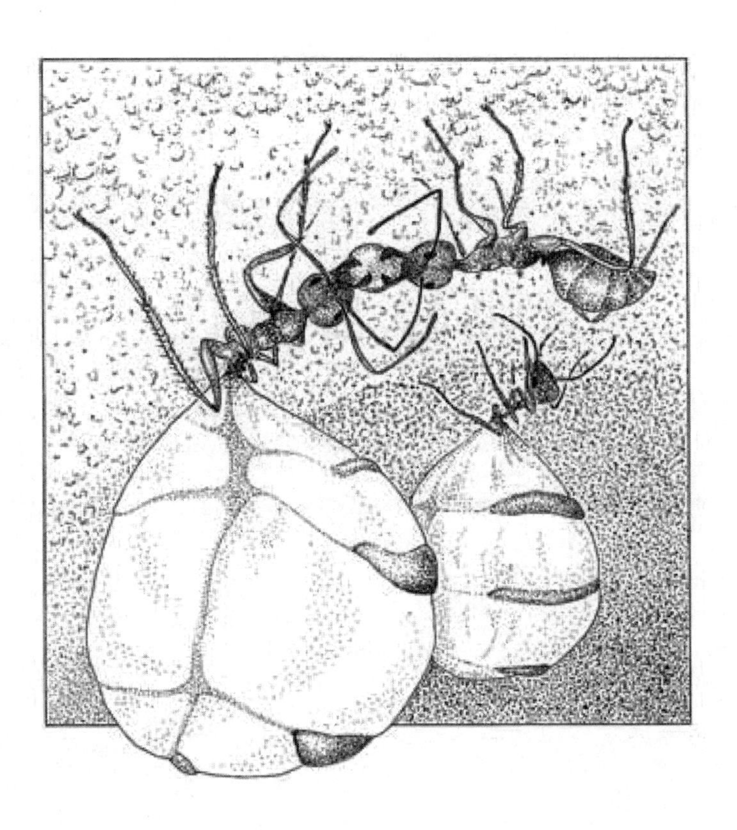

在墨西哥尤卡坦半岛一片阳光照耀的空地上，一只巨大的黑色工蚁（与蚁群中同一阶级的其他成员一样，它是雌性的）离开自己的土巢，爬上附近的灌木丛，来到一颗闪亮的露珠跟前。它正在为自己以及族群的生存效力。它张开颚，收集了一滴露水，然后返回巢穴。它在入口处停留片刻，让另一只工蚁喝一些水，然后沿着垂直的通道下降，到达保育室，里面养育着蚁群的幼年后代。在那里，它把一部分负载涂抹在一个茧的表面，然后将余下部分传递给一只口渴的幼虫。

在干旱期，与所有社会性昆虫的群体一样，蚁群极有可能因脱水而面临致命的危险。许多工蚁多次往返于巢穴与（无论在何处发现的）水源之间。其中一些工蚁会与巢穴伙伴分享水，另一些则将水滴直接放置在保育室的地面上，以保持土壤和空气湿润，从而在幼小的姐妹最脆弱的发育期里保护好它们。通过这种合作行为，蚁群甚至能在最困难的时期里存活并得到增长。

这些昆虫世界的冈伽·丁（Gunga Din）是巨型热带蚂蚁绒毛厚结猛蚁（*Pachycondyla villosa*）的一种。它们成年后约有半英寸长，能给人类带来持续数日的刺痛。但是，它们分享水源的行为尤其使科学家感兴趣。在我看来，食物与水的分享是高级社会行为中比支配、领导或其他任何形式的互动更重要的组成部分。当分享的范围不仅包括兄弟姐妹，也包括关系较远的个体时——换句话说，当分享变得真正无私时——它会加强社会联系，并演化出动物王国中一些最复杂形式的沟通方式。

类似模式的发展可能曾在人类社会行为的演化中起到关键性作用。有限的化石证据表明，在200多万年前，最早的“真正的”人类——能人——曾生活在非洲的营地里，他们将食物带回并分发给其他人。人类学家认为这种安排（在史前时期一直持续并得到加强）有利于复杂的交流与长期的互惠协议，最终形成极为丰富的社会形态。如今，几乎所有文化都将食物共享作为其联结仪式与过渡仪式的一部分。

分享的过程也是昆虫社会生活的核心。例如，厚结猛蚁对水的运输仅是其群体喂养系统的一个方面。工蚁还会采集花蜜，将其存放在颚部带回蚁穴。这种液体会被分配给同伴，它们通过将其夹在自己的颚部来暂时储存。最初进入蚁穴时是一个大水滴，最终由 10 只或更多的工蚁将其搬运至各处。蚂蚁还会猎取其他昆虫，将其带回蚁穴撕成小块，与所有群体成员共享。

伯特·霍尔多布勒发现，携带液滴是原始蚁群中普遍存在的行为，厚结猛蚁属于其中一类。这些大多生活在热带地区的蚂蚁构成了猛蚁亚科（Ponerinae），它们起源于 7 000 万年前的中生代晚期。几乎所有这些蚂蚁都是能够捕获活猎物的螯刺昆虫。与哺乳动物的模式相似，那些工蚁成群猎取的物种通常也是拥有最为复杂的社会结构与沟通方式的物种。一些蚂蚁甚至会组织强大的袭击队，摧毁白蚁以及其他蚂蚁物种的巢穴。

与这类复杂的昆虫行为相比，携带液滴是一种初级行为。其他工蚁会通过轻轻敲击携带者的触角和腿部，请求分享液滴的一部分。这些信号的组合与多种原始蚂蚁所使用的招募巢穴伙伴前往新巢穴和食物来源处的信号相同。在蚂蚁演化的过程中，这种招募功能显然是最先出现的，后来才拓展至触发液体共享。

在目前世界上已知的 9 500 多个蚂蚁物种中，绝大多数都演化出了一种更为巧妙的液体分配方式：将液体储存在工蚁自己的体内。水、花蜜，有时还有溶解的脂肪，通过食道传送至蚂蚁的嗉囊，这是一个像小气球一样可以扩张和收缩的肌肉器官。当工蚁饮水较多时，它的嗉囊会鼓起来，整个腹部就会膨胀。你可以通过给四处爬行的蚂蚁提供糖水或蜂蜜水滴，让它们喝饱，来亲自观察这一现象。当返回巢穴（通常会立刻沿直线返回）时，它们会通过口对口的反刍将一些水分传递给蚁群中的其他成员。

故事还会变得更有趣、更有意义。几年前，霍尔多布勒发现，在演化上更高级的蚂蚁物种的工蚁会用它们的触角和前腿敲打食物携带者的下唇（“下颚的铰合部”，功能类似于下嘴唇）来向巢穴伙伴乞求食物。受到这种刺激，工蚁会自动地从它的嗉囊里向上回流一滴液体到两颚之间的空间里。霍尔多布勒自己也可以通过用一根头发触碰蚂蚁的下唇来引发这种反应。他还发现，某些与蚂蚁一起生活的寄生甲虫也会通过模仿其宿主的乞讨动作来获得免费的食物。蚂蚁似乎没有注意到这些甲虫在形状上与它们截然不同，而且从来没有回馈过任何食物。

大约在霍尔多布勒进行研究的同时，康奈尔大学的托马斯·艾斯纳（Thomas Eisner）和我使用放射性标记的糖水追踪了亚丝蚁（*Formica subsericea*）群落中通过反刍完成的液态食物分配。我们发现，单只工蚁带来的食物在经过长时间的互相喂食后，在 24 小时内就能传递给群落中的所有其他工蚁。在一个星期内，所有群体成员携带的放射性物质数量大致相同。我们证实了早期昆虫学家的观点，即嗉囊相当于一个“社会胃”。也就是说，工蚁在任何时刻储存在嗉囊里的食物数量与群落其余成员所拥有的食物量大致相同。因此，当整个群落感到饥饿时，每只觅食的工蚁也有相近程度的饥饿感。当群落需要特定的营养时，觅食者就会去寻找——它们无须被告知。

在世界上主要的沙漠地区，少数几种弓背蚁及其他种类的蚂蚁，通过演化出一种特殊的贮存食物的阶级，将液体交换的逻辑发展到了极致。某些大型工蚁年幼时就会被分配到额外的含糖液体，以至于它们的腹部鼓胀成了大而透明的气泡。一旦经过变态，它们基本上就会待在同一个地方，直到敌人闯入它们的领地或是当巢穴环境变得不舒适时，它们才会拖着身躯在地面上缓慢爬行，以便迁移到新的地点。这些蚂蚁被昆虫学家称为“贮蜜蚁”，可以说是液体营养的储存罐。在雨季，当蚁穴周围的空气相对凉爽且食物丰富时，觅食的工蚁通过反刍，最大程度地将贮蜜蚁填满。而在最炎热、最干燥的月份，则轮到贮蜜蚁反刍，因为觅食者与其他蚂蚁需要依靠这些贮蜜蚁所提供的食物来生存。

蚂蚁在共享液体和食物方面的精心计划，从携带滴液到反刍，对于团结蚁群成员与协调其行动而言至关重要。然而，尽管我们做出了多年的努力，作为社会性昆虫的研究者，我们始终未能找到一个指挥中心。没有哪个个体——甚至包括蚁后，以繁殖为主要任务的超大型雌蚁——能为整个蚁群制订计划。例如，没有谁指定哪些蚂蚁将成为贮存阶级的成员，哪些蚂蚁将专门担任巢穴的守护者。相反，蚁群或巢穴的活动是个体蚂蚁大量"私人决策"的总和。当每只蚂蚁胃里的内容物大致相同时，个体决策就会变得相似，就有可能实现更和谐的群体行动。

每只工蚁都有一个由大约100万个神经细胞组成的大脑。平均体重是蚂蚁体重100万倍的人类的大脑拥有约1 000亿个神经细胞。因此，从生理上看，昆虫并不十分聪明，它们必须依靠自动引导系统，例如均衡的食物共享，来维持其群体的运作。这就是为什么大多数种类的蚂蚁，尽管其社会成就令人印象深刻，但自恐龙时代以来却几乎没有什么变化。这也是为什么，它们能比我们这种烦躁而缺乏耐心的物种存活得更长久。

自然的模式

The Patterns of Nature

Altruism and Aggression

利他主义与攻击性

在20世纪的战争中，有很大比例的国会荣誉勋章授予了那些为保护战友而扑在榴弹上、以自己的生命为代价从战场救援他人，或是为此目标做出其他常常经过深思却非同寻常的决定的人。这种无私的自我牺牲是最英勇的行为，无疑值得被授予国家的最高荣誉。同时，它也只是无数更小的善良与奉献行动之上的极致行为，这些行动将社会凝聚在一起。人们倾向于把这一问题放在一旁，将利他主义视为人性中更好的一面。也许，对这一问题最好的阐释是，有意识的利他主义是一种能将人类与动物区分开来的超越性品质。但科学家们不习惯于宣布任何现象为禁区，在过去的20年里，人们重新对分析这类社会行为产生兴趣，并以尽可能客观的方式做了更深入的研究。

这些新的努力大多属于一门叫作社会生物学的学科，它被定义为对每种有机体（包括人类）的社会行为之生物学基础的系统性研究，并且将生物学、心理学与人类学的贡献融汇在一起。分析社会行为并不是什么新鲜事，甚至“社会生物学”这个词已经存在多年了。新颖之处在于，事实与观念正从传统的心理学与动物行为学的矩阵中被提取出来，并按照遗传学与生态学的原则进行了重新组合。

社会生物学重点强调比较不同类型的动物与人类社会，这不是为了构成类比（这些类比往往具有误导性，比如直接比较狼与人类的攻击性），而是为了构思和检验关于社会行为的潜在遗传基础的理论。社会生物学家始终牢记遗传演化，他们研究各类社会组织形式使得特定的物种适应其在环境中所遇到的特殊机遇和危险的无数种方式。

其中一个例子就是利他主义。我怀疑是否有任何高等动物，比如鹰或狒狒，能够依据我们社会中所使用的崇高标准获得国会荣誉勋章。然而，小小的利他主义确实时常以人类可以即刻理解的形式发生，而且不仅仅针对后代，也涉及其他物种的成员。例如某些小鸟——比如知更鸟、画眉和山雀——会在鹰靠近时警告其他鸟类。它们会伏下身子，发出独特的尖锐哨音。尽管这种警告声的声学特性使它难以在空间中被定位，但总体而言，发出哨音至少看起来是无私的；吹哨者本可以更明智地不暴露自己的存在，保持沉默，使其他成员成为猎物。

当一只海豚被鱼叉刺到，或是受到其他严重伤害时，其余成员的典型反应是立刻离开这片海域。但有时它们会聚集在受伤动物的周围，将其推向水面，使它能够继续呼吸。非洲野狗群是所有食肉哺乳动物中最具社会性的，它们一定程度上是由一种令人惊叹的劳动分工组织起来的。在筑巢时节，一些成年个体（通常由一个带头的雄性领导）被迫丢下它们的幼崽，前去猎取羚羊与其他猎物。至少有一只成年非洲野狗，通常是幼崽的母亲，留下来充当守卫。当猎手们回来时，它们会反刍食物碎块，供给留在家中的成员。甚至生病的和残疾的成年野狗也能从中分得一份，这使它们能比在一些不那么慷慨的社群里存活得更久。

除了人类，黑猩猩可能是最利他的哺乳动物了。黑猩猩通常是素食者，在放松的觅食巡游中，它们会像其他猴子和猿类一样以非协作的方式单独进食。但偶尔，雄性黑猩猩会猎取猴子和幼年狒狒作为食物。在这些事件中，整个群体的情绪会转向一种只能被描述为类人（manlike）的状态。雄性黑猩猩会协力潜伏和追逐猎物，还会联合起来反抗那些反对它们的被捕猎者的成年亲戚。当狩猎者将猎物肢解、尽情享用时，其他黑猩猩便会靠近来讨要食物碎块。它们触摸肉块和雄性黑猩猩们的脸，发出轻柔的呜咽和“呼”声，伸出双手——掌心向上——乞求食物。有时正在食肉的黑猩猩会拒绝分享或是径自走开。但通常情况下，它们会允许其他动物直接咀嚼肉块或是用手撕下小块的肉。有几次，研究人员甚至观察到黑猩猩撕下食物碎块并将其放在其他动物伸出的手中，这是在其他猴类或猿类中未曾发现的慷慨行为。

黑猩猩也有收养行为，珍·古道尔在坦桑尼亚的贡贝溪国家公园观察到了三个这样的案例。三次都涉及黑猩猩孤儿被成年兄弟姐妹接管的情形。有趣的是，由于更多我们即将讨论的理论原因，利他行为是由最亲近的亲属，而不是由已有孩子、经验丰富的雌性猩猩表现出来的，后者本可以为孤儿提供乳汁和更充分的社会保护。

尽管在脊椎动物中有许多这样的例子，但只有在低等动物中，尤其是在社会性昆虫中，我们才会遇到与人类水平相当的利他主义自杀现象。蚂蚁、蜜蜂和黄蜂等社会性昆虫中的大部分成员都随时准备着对入侵者进行疯狂的冲锋防卫。这一现象解释了为什么人们在蜜蜂巢和黄蜂巢附近行动时要小心，而在汗蜂和泥蜂等单独生活的物种的巢穴附近则可以放轻松。

热带地区的社会性无刺蜜蜂会飞到冒险靠近的人类头顶上方，紧紧咬住他们的头发，以至于当他们梳头时，蜜蜂的身体会被梳离它们的头部。一些物种在这种牺牲性的攻击中会向人类皮肤倾泻带来灼烧感的腺体分泌物；在巴西，它们被称为“喷火蜂”（*cagafogos*）。伟大的昆虫学家威廉·莫顿·惠勒（William Morton Wheeler）将一次与“可怕蜂群”的相遇描绘为他一生中最糟糕的经历，它们从他脸上掀下了一块皮肤。

蜜蜂工蜂的螫刺上有类似鱼钩的倒刺。当蜜蜂袭击蜂巢入侵者时，螫刺会叮入皮肤；当蜜蜂离开时，螫刺仍然嵌在皮肤里，拖出了整个毒液腺和大部分内脏。蜜蜂很快就会死去，但这样它的攻击效果更好，比将螫刺完整地拔出更有效：毒液腺继续向伤口渗透毒素，而从螫刺底部散发出来的类似香蕉的气味会激发蜂巢的其他成员在同一地点发动神风特攻队般的攻击。从整个蜂群的角度来看，个体的自杀带来的效益比损失更大。整个工蜂群由 2 万到 8 万个成员组成，都是由蜂后产下的卵孵化而来。每只蜜蜂的自然寿命大概只有 50 天，它们会衰老而死。因此，付出生命只是小事一桩，在此过程中并没有基因损失。

我最喜欢的社会性昆虫的例子之一是一种非洲白蚁，它有一个响亮的学名：黄球白蚁（*Globitermes sulfureus*）。这个物种的士兵阶层可以说是行走的活炸弹。巨大的成对腺体从它们的头部一直延伸至身体的大部分部位。当攻击蚂蚁以及其他敌害时，它们会从嘴里喷射出黄色的腺体分泌物，这种分泌物会在空中凝固，并且常常致命地同时黏附在兵蚁和它们的对手身上。这种喷雾似乎由腹肌的收缩驱动。有时，肌肉的收缩会变得非常剧烈，以至于腹部和腺体会爆炸，将防御性的液体喷洒向四面八方。

共同拥有极端牺牲的能力并不意味着人类心智与昆虫的“心智”（如果存在的话）以相似的方式运作。但这确实意味着，这种冲动无须被视为神圣的或超自然的，我们有理由寻找更常规的生物学解释。这样的解释立即带来了一个基本问题：英勇的牺牲者并没有更多的后代。根据狭义的达尔文自然选择的模式，自我牺牲会导致后代减少，可以预期能产生英雄的基因或遗传单位会逐渐从种群中消失。被自私基因所控制的个体似乎会比拥有利他基因的个体更占优势，因此在许多个世代的跨度中应该会有一种倾向，即自私基因的数量会增加，整个种群越来越难产生利他反应。

那么，利他主义是如何维持的呢？对于社会性昆虫而言，这是毫无疑问的。自然选择理论已经得到拓展，包括了一种被称为亲缘选择（kin selection）的过程。牺牲的白蚁兵蚁保卫了群落的余下成员，包括蚁后和蚁王，它们是兵蚁的父母。因此，兵蚁中更有繁殖能力的兄弟姐妹得以繁衍，而它们会将那些通过紧密的亲缘关系与兵蚁共有的利他基因成倍复制。兵蚁自己的基因会因为侄子和侄女的更多繁殖而倍增。利他主义的能力是否也通过亲缘选择在人类中演化呢？我们所感受到的情感，那些有时会在特别的个体中达到极致以至于自我牺牲的情感，是否来源于几百代甚至几千代以来由于对亲属的青睐而深深嵌入我们基因中的遗传单位？这种解释得到了一定的支持，因为在人类历史的大部分时间里，社会单位都是直系家庭与紧密的近亲网络。这种独特的聚合力，加上高度的智慧，可能会带来复杂的亲缘意识，这可以用于解释为什么亲缘选择在人类当中比在猴类与其他哺乳动物中更强大。

为了预先回应许多社会科学家以及其他人提出的常见反对意见，我要马上承认，利他行为的强度与形式在很大程度上是由文化决定的。人类社会的演化显然更多受到文化而非遗传的影响。然而，社会生物学家认为，在几乎所有人类社会中强烈表现出来的基本情感都是通过基因演化而来的。虽然这一假设无法解释不同社会之间的差异，但它可以解释为何人类与其他哺乳动物不同，而狭义地来看，更接近于社会性昆虫。

在社会生物学解释可以得到检验并被证明为真的情况下，它们至少会为理解人性提供一个视角以及一种新的哲学上的安适感。我相信它们还可能对社会张力起到最终的调和作用。以同性恋为例。在我们的社会里，同性恋者常常由于一种针对他们的狭隘而不公正的生物学假设而被拒绝：他们的性取向导致他们不会生育子女，因此他们不是自然的。然而，同性恋者**能够**通过亲缘选择来复制基因，只要他们对待亲属足够利他。

可以想象，在人类演化早期的狩猎－采集时期，甚至在后来，同性恋者常常作为一种部分不育的社会群体而存在，通过比纯异性恋者更为投入的支持形式来促进他们亲属的生活和成功繁殖。如果这种由互相关联的异性恋者和同性恋者组成的群体常常比类似的纯异性恋者群体留下更多后代，那么同性恋得到发展的可能性将会在整个种群中维持突出水平。

这种新的亲缘选择假设尚缺乏支持性证据，这一观点甚至尚未得到批判性的审视。但是考虑到其内部的一致性以及可与其他生物的亲缘选择相一致，我们应当在将同性恋视为疾病前三思。如果这个假设是正确的，我们可以预期同性恋会在许多世代后减少，因为现代工业社会中家庭群体的极度分散使得优待亲属的机会更少了。同性恋者的劳动更平均地分布在整个种群中，更狭义的达尔文自然选择也会反对有利于这种利他主义基因的复制。

现代社会生物学在解释攻击性行为（与利他主义相对的另一极的行为）时也可能会起到调节性作用。将攻击性行为视为社会行为似乎包含悖论；从个体行为来看，应当更准确地称之为反社会行为。但在社会语境里来看，它似乎是最重要和最广泛的组织技术之一。动物用它来划定自己的领地，在尊卑制度中确立自己的等级。由于一个群体的成员经常合作，以便将攻击性对准竞争对手的群体，利他主义与敌意已经成为同一枚硬币的两面。

康拉德·洛伦茨（Konrad Lorenz）在他 1966 年出版的名著《论攻击》（*On Aggression*）中指出，人类与动物共有一种普遍的攻击行为本能，这种本能必须以某种方式得到缓解，即使只是通过竞技运动。埃里希·弗洛姆在其著作《人类破坏性之剖析》（*The Anatomy of Human Destructiveness*，1973）中则持更消极的观点，认为人类的行为受到一种独特的死本能支配，这种本能常常导致比动物更为病态的攻击行为。这两种解释根本上都是错误的。仔细观察各种动物社会中的攻击行为（其中许多社会仅仅自洛伦茨得出结论以来才得到认真研究），我们会发现攻击行为有很多形式，而且受制于快速演化。

我们经常发现一种鸟类或哺乳动物具有高度的领地意识，会采用复杂的、攻击性的展示与行为，而另一种在其他方面与之类似的物种却几乎没有领地行为。总之，不存在普遍的攻击本能。

缺乏普遍驱力的原因看起来相当清楚。在生物学家看来，大多数形式的攻击行为是对环境拥挤的特殊反应。动物通过攻击来获得对于紧缺（或是可能在其生命周期内变得紧缺）的必需品——通常是食物或庇护所——的掌控。

许多物种很少或从不缺乏这些必需品；相反，它们的数量因捕食者、寄生者或迁徙而得到控制。这些动物彼此间的行为通常是和平的。

人类恰好是具有攻击性的物种之一，但我们远非最具攻击性的物种。对鬣狗、狮子和长尾猴的最新研究发现，在自然条件下，这些动物进行致命战斗、杀婴，甚至同类相食行为的频率远高于人类。如果按照每年每 1 000 个个体的谋杀数量进行统计，人类在具有攻击性的动物中的排名较低，而且我相当有信心，即使是在间歇性的战争爆发期间也是如此。鬣狗群体会卷入几乎与原始人类战争无异的致命的激烈战斗中。牛津大学的汉斯·克鲁克（Hans Kruuk）描述了恩戈罗恩戈罗火山口地区的两个鬣狗群体的行动：

> 两个群体喧闹着混杂在一起，但在几秒内又分开。蒙吉鬣狗（Mungi hyena）暂时逃开，被搔岩鬣狗（Scratching Rock hyena）追赶着，随后又回到尸体旁。然而，十几只搔岩鬣狗抓住了一只雄性蒙吉鬣狗，处处撕咬它，尤其是肚子、脚和耳朵。受害者完全被攻击者包围，它们对它撕咬了约有 10 分钟，而其他族群成员则在吃角马。这只雄性蒙吉鬣狗被彻底撕裂。我后来仔细检查它的伤势时，发现它的耳朵、

脚和睾丸都被咬掉了，它因脊髓损伤而瘫痪，后腿和腹部有大伤口，到处都是皮下出血……第二天早晨，我发现一只鬣狗正在吃尸体，还看到有更多的鬣狗在附近；约有三分之一的内脏和肌肉被吃掉了。同类相食者！

在蚂蚁中，刺杀、小规模冲突和决战是家常便饭，而人类几乎是宁静的和平主义者。在美国东部大多数城镇的春夏之季，尤其容易观察到蚂蚁间的战争。你可以在人行道或草坪上看到成群的黑褐色小蚂蚁在搏斗。这些战士是常见的草地铺道蚁（*Tetramorium caespitum*）不同族群的成员。可能有数千个个体卷入其中，战场通常占据几平方英尺[①]的草丛。

虽然各种形式的攻击性行为在几乎所有人类社会中都普遍存在（即使是温和的社会！直到最近，非洲布须曼人的谋杀率才与底特律和休斯敦的相当），但我不知道有什么证据可以表明这构成了寻求发泄出口的驱力。当然，不能用动物行为来证明这种驱力普遍存在。

一般情况下，动物会表现出一系列可能的行为：从没有任何反应到威胁与假动作，再到全力攻击不等。它们会

① 1 平方英尺约等于 0.093 平方米。——编者注

选择最适合每个特定威胁情境的行动。例如，恒河猴向其他群体成员传递和平意图，会通过回避目光，或是一边做出安抚性的咂嘴动作一边靠近。警惕的、平视的目光，传递出低程度的敌意。当你进入实验室或是动物园里的灵长类动物馆时，恒河猴向你投来的严峻目光并非简单的好奇，而是一种威胁。从那一刻起，恒河猴通过一个接一个地逐渐增加新动作，或是将它们组合起来使用，来表达逐渐增长的自信和作战的准备：张开嘴，头部上下摆动，发出爆破般的呼声，双手拍打地面。当恒河猴表现出所有这些行为，可能还伴随着小幅度的前冲时，它已经准备好了与对手战斗。此时，一直以来精确呈现动物情绪的礼节性展示可能会转为伴随着尖叫、打斗的攻击，双手、双脚和牙齿都成了武器。更高级别的攻击不仅仅针对其他猴子。有一次在野外，我不小心吓到了一只小猴，它也许是一只雄性大猴的家庭成员，这导致大猴开始在离我 3 英尺远的地方拍击手掌。从那个距离看，那只雄性大猴就像一只小型的大猩猩。我的向导，芝加哥大学的斯图尔特·奥尔特曼，明智地建议我避免与其对视，并尽量让自己看起来像一只居于下位的猴子。

尽管许多动物会展现出丰富多样的攻击行为，尽管攻击在它们的社会组织中很重要，但是个体也可能度过平常的一生，养育后代，只是偶尔打斗着玩或是相互表现出轻微的敌意。关键是环境：频繁而强烈的敌对表现与升级的斗争是对于特定动物在其一生中可能幸免或遭遇的某种社会压力的适应性反应。同样，当发现一些人类文化（比如霍皮人或现代澳大利亚原住民的文化）中仅有极低程度的攻击性互动时，我们也不应感到惊讶。总之，从动物行为比较研究中获得的证据不能用来为人类极端形式的攻击、血腥戏剧或暴力竞技运动正名。

这引导我们走向一个（在我的经验中）讨论人类社会生物学时最困难的话题：遗传与环境因素在塑造行为特征方面的相对重要性。对于一些学者来说，基因控制人类行为的观念是令人震惊的。他们迅速设想了一种政治情景，其中基因决定论导致了对现状的支持与持续的社会不公。他们很少考虑到另一种同样合理的情景，即完全的文化决定论导致对于独裁的心智控制与更糟糕的不公正的支持。这两种情形都是极不可能的，除非政治家或执着于意识形态的科学家被允许主宰科学的功用。如果是那样，一切皆有可能。

对社会生物学的潜在意涵的担忧通常是由于对遗传本质的简单误解。让我试着尽可能简要但公正地解释一下。**基因所规定的不一定是特定的行为，而是发展某些行为的能力，更多的是在特定环境下发展这些行为的倾向。**假设我们可以列举出一个类别中所有可能的行为——比如，所有可能的攻击反应类型——并为方便起见用字母标记它们。在这个想象的例子中，可能会有正好 23 种这样的反应，我们将它们标记为 A 到 W。人类不会而且也不能表现出所有这些行为，也许世界上的所有社会都会使用 A 到 P 的反应。此外，它们发展出每一种行为的难易程度是不同的；在大多数可能的育儿条件下，出现 A 到 G 的行为的倾向性是很强的，而 H 到 P 仅在很少的文化中出现。这种可能性与概率的**模式**是遗传的。

为了使这样的陈述完全有意义，我们必须继续将人类与其他物种进行比较。我们注意到，阿拉伯狒狒可能只能发展出 F 到 J，而且对 F 和 G 有很强的偏向性；而一种白蚁只能表现出 A，另一种白蚁只能表现出 B。某个特定的人展示的行为取决于在他或她的文化中被接受的经验，但是不同于狒狒或白蚁的可能性，人类的种种可能性是遗传的。社会生物学试图分析的正是这种模式的演化。

我们可以更具体地讨论人类的模式。通过将两个过程结合起来，我们可以对最原始和普遍的人类社会特征做出合理推断。其一是注意狩猎 - 采集社会最普遍的特质。虽然人们的行为是复杂和智慧的，但他们的文化所适应的生活方式是原始的。人类物种数十万年来一直以这种基本的经济的方式演化，因此我们可以预期，其与生俱来的社会反应模式主要是由这种生活方式塑造的。其二是将最普遍的狩猎－采集者特质与叶猴、疣猴、狝猴、狒狒、黑猩猩、长臂猿，以及其他旧大陆猴类和类人猿所展示的类似行为进行比较，这些物种共同构成了人类最近的生物亲属。

当我们看到同样的特质模式在所有狩猎－采集社会——以及大多数或所有灵长类动物——中出现时，我们就可以推断它受到相对较少的演化的影响。它在狩猎－采集社会中的存在表明（但并不证明），人类的直接祖先也拥有这种模式；即使是在经济更发达的社会里，这种模式也属于最不容易改变的行为类别。另一方面，如果我们看到某种行为在灵长类动物中形成了很多变异，我们就可以推断它不太能抵御变化。

从这种筛选技术中得出的基本人类模式列表是迷人的：（1）亲密族群成员的数量是可变的，但通常不超过100人；（2）一定程度的攻击性与领土行为是基本的，但其强度有所不同，并且无法精确预测其在不同文化中的具体形式；（3）成年男性更具攻击性，相对于女性占据支配地位；（4）社会在很大程度上是围绕着延长的母亲照料时间与母子间延展的关系来组织的；（5）游戏（包括至少是轻微的竞争与模拟攻击）被高度追求，可能对正常的发展至关重要。

然后，我们必须加入那些如此独特而必然地属于人类的特质，以便安全地将它们归为基于遗传的：个体发展某种真实的、具有语义的语言的强烈动力；通过禁忌坚决避免乱伦的行为；还有性伴侣间相对较弱但仍然强烈的劳动分工的倾向。

在狩猎－采集社会中，男性狩猎，女性留在家中。这种强烈的偏向持续存在于大多数农业社会和工业社会中，仅从这一点来看，这似乎具有遗传起源。目前没有确凿的证据表明分工是何时在人类祖先中出现的，以及它在争取妇女权利的持续革命中多么难以改变。我个人的猜测是，这种遗传偏向十分强烈，以至于甚至在未来最自由、最平等的社会里也会导致实质性的劳动分工。

有充分的证据表明，男孩平均而言在数学能力上比女孩更强，而在语言能力上不如女孩，并且男孩更具有攻击性，从他们两岁时的社交游戏的第一个小时起直至成年后都是如此。因此，即使在接受相同教育、获得进入各行各业的同等机会的条件下，男性似乎仍然会在政治生活、商业与科学领域中扮演更多角色。但是，这样的结果仅仅是基于一种猜测，即使是正确的，也不能用来为任何不以性别平等为导向的入学政策或非自由的个人选择做辩护。

当然，我们没有任何先验的理由可以得出结论说，掠食性物种的雄性必须是专门的狩猎阶级。在黑猩猩中，雄性是狩猎者，考虑到这些猿类是我们目前最近的生物亲属，这一现象可能是令人深思的。但是在狮子中，雌性是食物提供者，它们通常会与幼崽一起组成群体来工作。更强壮且基本上是寄生的雄性会在追逐时退后，但在捕杀完成后，它们会冲上来抢先分得一份肉。狼和非洲野狗则遵循另一种模式：在这两个非常具有攻击性的物种中，成年雄性与雌性会合作狩猎。

在社会生物学中有一个危险的陷阱，唯有时刻警惕才能避免掉落其中。这一陷阱即伦理学的自然主义谬误，它毫无批判地得出“存在即合理”的结论。人类本性中的“是什么”很大程度上是旧石器时代狩猎－采集者生活的遗存。对于任何遗传偏向的论证都不能用来为现在与未来社会中持续的实践辩护。由于我们大多数人生活在我们自己创造的全新环境里，追求这样的实践将是一种糟糕的生物学；而且就像所有糟糕的生物学一样，它将诱发灾难。例如，在某些条件下对竞争群体发起战争的倾向可能存在于我们的基因里，并且曾经有利于我们新石器时代的祖先，但如今它却可能导致全球性自杀。很长一段时间以来，尽可能抚养更多健康的孩子是一种保障；然而，随着世界人口激增，这一策略如今会导致环境灾难。

因此，我们原始的古老基因将不得不在未来承担更多文化变革的重任。在我们尚且未知的程度上，我们相信——我们坚持认为——人类的本性可以适应更全面的利他主义与社会公正形式。基因的偏向性可以打破，激情可以转移或引导，伦理可以改变；人类可以继续发挥其制定契约的天赋，实现一个更健康、更自由的社会。然而，心智并非无限可塑。必须追求一种人类的社会生物学，将其发现作为追踪心智演化历史的最佳手段。在面前艰难的旅程（我们最终的指南必然是我们最深沉的、眼下最不被理解的感受）中，我们显然无法承担无视历史的后果。

Humanity Seen from a Distance

远观人性

人类的全部困扰源于一个事实，
即我们不知道我们是谁，
也无法就我们想成为什么达成一致。

——韦科尔（让·布吕莱）

《你将认识他们》（1953）

以下是国际白蚁大学著名院长在毕业典礼上的致辞：

我们显然可以在一件事情上达成共识！我们是30亿年演化的巅峰，我们的高智商、对象征性语言的运用以及历经几百代演化而来的文化多样性使我们变得独特。我们的物种本身就有足够的自觉去感知历史与个体死亡的意义。我们已经大致或完全摆脱了基因的统治，如今我们的社会组织主要或完全建立在文化的基础上。我们的大学传授三大学科领域，即自然科学、社会科学和蚁学的知识。自我们的祖先——大白蚁，在第三纪晚期的迅速演化中达到了10千克的体重，获得了更大的大脑，并学会用信息素文字书写以来，蚁学学问使伦理哲学变得更精妙了。如今我们已经可以精确地表述道德行为的义务性规范。这些规范大多是自明且普遍适用的，它们是蚁学的精髓所在。其中包括对黑暗与深处、对充满腐生植物和担子菌的土壤隐秘之处的热爱；频繁的战争与群落间贸易中蚁群生活的核心地位；生理等级制度的神圣性；工蚁个体繁殖的邪恶；对繁殖同胞深挚的爱之神秘，而当它们交配时，这种爱会瞬间转变为恨；对个体权利之恶的拒绝；信息素之歌的无尽美感；蜕皮后从巢穴伙伴的肛门处进食的美妙；在生病或受伤时贡献身体给他者食用的喜悦（被吃比吃更幸福）；等等。

一些有蚁学倾向的科学家，特别是行为学家和社会生物学家，认为我们的社会组织是由我们的基因塑造的，而我们的伦理准则仅仅反映了白蚁演化的独特之处。他们声称，伦理哲学必须将白蚁的大脑结构与物种的演化历史考虑进来。社会化是由遗传方式引导的，并且某些形式的社会化几乎是不可避免的。这一说法引发了巨大的学术争议。许多社会科学与蚁学领域的学者——他们不相信通过研究鱼类和狒狒可以更好地理解白蚁的天性——退缩到了哲学二元论背后，并且加固了反驳自然主义谬误的堡垒。他们认为心灵超出了物质性的生物学研究的范畴。还有一些人持一种极端的观点，认为通过设置条件，可以将白蚁的文化与道德导向几乎任何我们想要的方向。但生物学家回应说，白蚁的行为永远无法被改变得像人类行为那样。白蚁的天性是具有生物学基础的……

我编造了这个白蚁中心主义的幻想，是为了阐明一种奇怪的难以用传统方式解释的概括性观点：人类拥有一种其物种所特有的天性与道德，在所有可能的社会与道德条件的空间里仅占据一小块地盘。如果其他星球上存在智慧生命（天文学家与生物化学家的共识是，宇宙中有大量智慧生命），我们不能指望它们是类人生物、哺乳动物、真核生物，甚至是以 DNA（脱氧核糖核酸）为基础的。我们不应仅仅像科幻小说那样思考其他文明。真正的科学不仅试图描绘真实的世界，还想描述所有的可能世界。它在一个更广阔的空间里，在哲学家与数学家研究的一切可构想的世界中来识别它们。

社会科学与人文学科长久以来受到一种坚定的非维度和非理论视角的限制。它们聚焦于一个点，即人类物种，而不涉及包括人类在内的所有可能的物种天性的空间。人类中心主义使人们对人类天性的局限、人类行为背后的生物学过程的重要性，以及长期遗传演化的更深层次的意义无所察知。只有从人类物种的位置一步一步后撤，有意识地站在更远处来看，我们才能拥有更宽阔的视角。

要理解多维性的意义，可以将人类的社会行为看作一个频率分布函数。社会学家也许是最接近这个函数所描述的数组的人。典型的社会学家沉浸在当地文化的微小细节中，在社会科学家中扮演着本土博物学家的角色。他不太关心人类行为的极限与终极意义。事实上，他可能对这些遥远的问题毫不在意，因为在文化成熟的社会里看到的复杂细节已足够重要和迷人，足以吸引一位一流学者的注意力。人类学家与灵长类动物学家则采取更长远的视角，相当于生物地理学家。他们对社会性特征的全球分布模式感兴趣，并寻求解释这些特殊性的规律和法则。动物学家站得最远。他关注的是数以万计的社会性物种，包括群居的无脊椎动物、社会性昆虫，以及非人类脊椎动物。他所看到的多样性是巨大的，但是其中某些类群的行为类别足够趋同（否则它们会被划分为不同的类群），这使他心中充满希望：也许可以推导出控制它们遗传演化的普遍规律，就像对大鼠、果蝇和大肠杆菌的研究产生了可推广至人类的遗传学与生理学原则一样。

当然，人类社会行为具有一些与众不同的特质，难以从一般性的、基于动物的社会生物学中得到预测。不能将其与人类染色体和神经元膜的纯机械行为相提并论，后者几乎完全像啮齿类动物和昆虫一样运作。人类的全部社会行为沿着遗传的双重轨道演化：传统的遗传传递，它为传统的达尔文式自然选择所改变；文化传递，这是拉马克式的（通过个体适应而获得的特征被直接传递给后代），而且更快速。此外，还有独特的组织特征：完全象征性的、可以无尽生产的语言；基于习俗的、被长期铭记的契约；复杂的、以物质为基础的文化；宗教。但是，人类业已进入演化的新阶段这一事实并不意味着人类物种已经摆脱了遗传的约束。崇高的尊严也未必能将一个物种抬升至可以超越生物学的境地。智慧生物视为超越的特质可能是生物适应的产物，同时仍然遵循着遗传程序。金鸻从育空飞往巴塔哥尼亚而后返回的迁徙之旅是一个奇迹，但它的大脑和翅膀是由有机聚合物构成的，而对于完成其生命周期而言，1 万英里的旅程与每日进食沙蚤和昆虫一样重要。有充分的证据表明，整体的人类行为，包括其中受到最大程度的文化变异影响的最复杂形式，既受到遗传的制约，某种程度上，在严格的达尔文主义的意义上又是适应性的。

因此，社会理论与演化生物学可视为连贯一致的。

如果说社会科学与人文学科的视角在空间上是非维度的，那么这种视角在时间上也同样有限。也许这看起来是一个奇怪的说法，因为对历史变化的检视无疑是这两门主要学科的核心。但是，所有的分析都是基于一个物种，而且是假定的单一基因型——“人类心灵之统一”的原则。这种人类社会性的观念尽管令人感到安慰，但对于社会理论来说却是不足的。强有力的证据表明，像动物种群一样，人类种群在行为特征方面也有一定程度的变异，尤其是在数字能力、语言流利性、记忆力、感知技能、心理运动技能、外倾性－内倾性、同性恋倾向、酗酒倾向、某些形式的神经症与精神病倾向、语言习得以及认知发展过程中其他关键阶段的年龄、第一次性行为的年龄，以及其他会对社会组织产生影响的个体表型方面。还有证据表明，人类种群之间存在地理差异，换言之，就是新生儿最早期的运动与气质发展方面的“种族”差异。

尽管遗传演化是缓慢的，但其速率与文化演化可能仅相差一到两个数量级。在仅有适度选择压力的情况下，在整个种群内，一个基因在短短十代内就会被基本替代，对于人类来说，仅仅是200年至300年的时间。单个基因可以深刻地改变行为，尤其当它影响到反应阈值或兴奋水平时。然而，新的、复杂的行为模式是基于多个基因的，这些基因只能在更长的时间内积累，可能需要几百甚至几千代的时间。因此，我们无法期望在历史时期内看到人类的天性发生巨大的变化，或是看到工业社会中的人与无文字的狩猎－采集社会中的人有根本上的不同。但这并不排除可能曾经发生过一些遗传变化，而且无法假设少量遗传变化会在个体一生的社会化影响下被轻易消除。

如果这些基本判断是对的，那么行为的重要元素可能起源于过去的 10 万年。实际上，当代人类的天性可能未必是 200 万至 400 万年前南方古猿到能人这条脉络的历史产物，它更可能是一种在人属的历史（包括历史时期）中逐渐形成的生物程式（biogram）。因此，假如社会理论可以将其视野延伸至以文化演化为主导的历史时期之外，囊括史前时期，那么它将会从中受益，在史前时期，基因演变与文化演变有着更接近于平衡的结合。

Culture as a Biological Product

作为生物学产物的文化

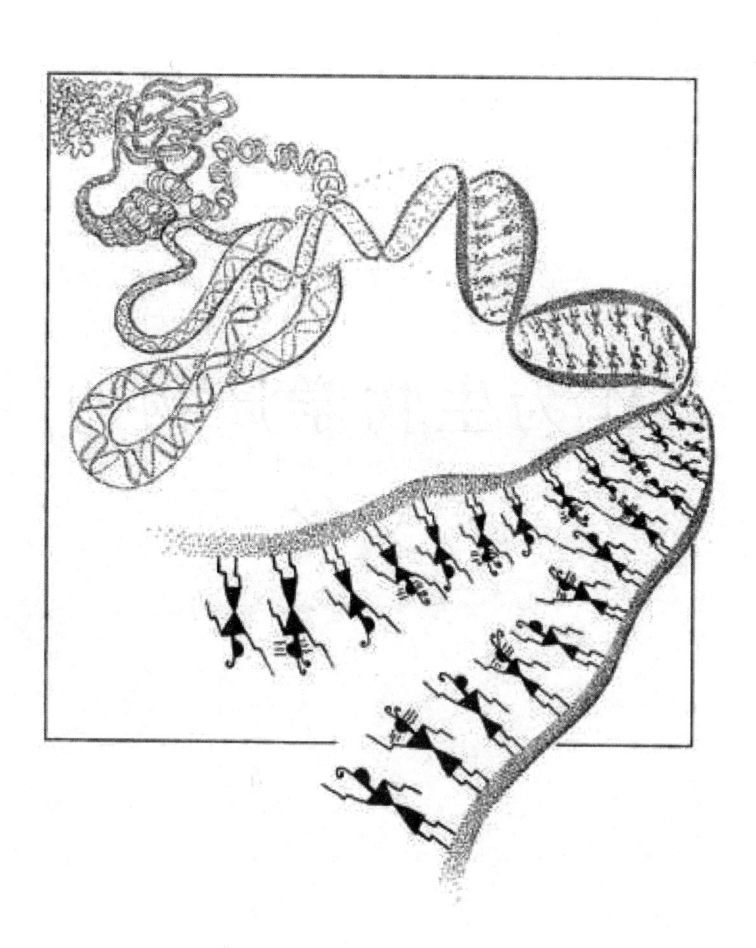

这是我所理解的事情的本质：文化最终是一种生物学产物。随着生物学作为一门科学的发展，它必将改变我们对社会行为与制度的理解。个性与认知方面的大部分差异（在很多情况下达到一半甚至更多）源自遗传。即便如此，遗传与环境的综合作用所占的比例和我们所能想象的相比仍是微不足道的，因为认知的发展受到人类所共有的、由基因决定的法则的严格制约。人们说，不存在用于制造飞机的基因。这当然是对的。但是人们制造飞机是为了进行人类的原始活动，包括战争、部落聚会和交易，这些活动与他们的生物遗传明显相符。文化符合演化生物学的一个重要原则：大多数变化是为了维持有机体的稳态。

到目前为止，我们研究过的所有有机体的遗传演化的主要推动力是自然选择，即属于同一种群的不同基因型对下一代的差异性贡献。这就是通常所说的达尔文主义的过程，区别于突变压力、直向演化以及其他可能的推动力。分子结构层面上的许多演化似乎是由遗传漂变导致的，即影响蛋白质中氨基酸替换的等位基因的随机替换。即便如此，解剖学、生理学与行为学的主要特征最终都可以归因于自然选择。

对下一代的差异性贡献，可通过两种优势的交互作用来实现：更长的寿命与更强的繁殖能力。个体可以通过尽可能快速地繁殖，将更多的基因传递给未来的后代，期望至少有一些能生长到成年。这是繁殖的 r 策略。或者它们可以通过只生产少量优质的后代，并精心抚育以确保其中的大多数或全部都能够状态良好地成年。这是繁殖的 K 策略。至于何种策略更有效，则取决于环境。当资源无法预测且有很大概率会随时随地消失时，r 策略最有效。当资源可靠且固定时，土地的占有变得更重要，此时，K 策略更有可能成功。生物学家通常将物种与遗传品系放置在 r-K 连续体上，将它们的繁殖策略与物种和品系演化的环境联系起来。当条件改变时，也有可能产生转换到另一策略的基因型。人类占据了 r-K 连续体中靠近 K 端的一小部分。

基因 - 文化的协同演化

人类的演化是一个由基因演变与文化演变组成的独特双轨系统。一方面，基因演变使得人脑迅速扩张，从 200 万年前的能人到大约 20 万年前的现代早期智人，仅大脑皮质的体积就增加了 3.2 倍，同时伴随着喉部与语言中心深刻的结构变化。文化演变的速度更快，但受到大脑与感觉器官的限制性特征的制约与引导。

人类社会生物学的大部分困难并非源于生物学家和社会科学家在程序与语言上的差异——尽管这些差异确实存在——而是源于其共同关注的主题，即生物与文化演化的相互作用，很大程度上仍未得到探索。我们都知道，人类的社会行为是通过学习和文化传承的。我们也知道，从感知到记忆和决策等的认知特性对文化具有深远的影响。文化最终是由个体人类的心智发展所决定的。这种发展的特征可以通过表观遗传规律（任何使行为偏向某一方向的规律）来描述。举个简单的例子，与绝大多数动物物种相比，人类高度依赖于视觉和听觉，而较少依赖于嗅觉和味觉。这种生物特征导致描述视觉与听觉的词汇比描述嗅觉与味觉的更丰富。在世界各地的各种语言中，约有三分之二至四分之三的词汇用来描述视觉与听觉，仅有十分之一或更少的词汇用于描述嗅觉与味觉。

因此，基因演化影响着文化演化。反过来，文化演化也影响着生物演化——通过创造一种基因（规定表观遗传规律的基因）在其中经过自然选择而得到检验的环境。事实上，基因与文化密不可分。一方的变化必然会引起另一方的变化，从而形成所谓的基因－文化协同演化。我们相信，这一过程以如下方式发生：

• 基因规定个体心智得以组装的发展规律（表观遗传规律）。

• 心智通过吸收既存文化的组成部分而成长。

• 文化在每一代人中，通过所有社会成员的决策与创新而得到重新创造。

• 一些个体具备能够在现有文化中比其他个体更好地存活和繁衍的表观遗传规律。这种基因适应性可以通过直接选择（促进直系后代发展）或亲缘选择（促进直系后代以外的旁系亲属发展）来增强。

• 较为成功的表观遗传规律与编码它们的基因一起在种群里传播。换言之，种群在遵循表观遗传规律的基础上进行基因演化。

总结一下，文化是由生物过程创造和塑造的，同样地，生物过程也会对文化演变做出回应，产生相应的变化。这一过程不难想象，但两种演化形式发生的速率以及彼此间联系的紧密程度仍是尚未解决的问题。

文化的单元

社会科学有两个主要的理论困难。第一个困难是，在文化研究中，并不存在类似基因、细胞和有机体的“自然类”，即可以作为分析中置换操作之基础的基本原子单元。缺乏自然类也导致了第二个困难，即“术语区隔”（nomic isolation）。每一门主要学科——人类学、社会学、政治学等——都必须确立自己的概念基础和语言。

在文化中发现自然类将是社会科学中关键性的理论进步。大多数学者似乎认为这样的单元要么不存在，要么即便存在，也无法通过任何当前可用的方法推导出来。然而，还是有一些理由让我们可以认为自然单元确实存在，并且建立在语义记忆的自然单元之上。语义记忆包括词语和符号运算，与情景记忆相对，情景记忆包括视觉与其他感官体验的连续序列。语义记忆倾向于将印象组织为离散的集群。实验研究表明，这些划分是围绕着具有最多共同属性的对象或抽象物来进行的。因此，尽管“树”“狗”和“房子”等类别在现实世界中并不存在，但它们是共享了大量大脑最易处理的刺激对象的集合。儿童能够轻而易举地进入这种记忆生成模式，在对象和对象集合上表现得同样出色。他们将某些识别性刺激组织为几乎与独立对象本身一样明确划分的集合（例如“饼干”与“蛋糕”，“椅子”与“凳子”）。

大脑通过将集群按层次结构组合为更大的组织，进一步加快了信息处理的速度，并形成了具有离散的、可互换的形式的集合。作为经验对象或抽象概念的语义记忆单元，被恰当地称为节点（node），这与记忆存储和回忆的传播－激活模型所设想的节点与节点间的连接相符。至少存在三个层次的节点。概念是最基本的集群，以词语或短语（如“狗”和“狩猎”）为标识。命题以表达对象与关系的短语、从句或句子（如“狗狩猎”）为标识。最后，模式以句子或更大的文本单元（例如“用狗狩猎的技术”）为标识。节点－连接结构最初是心理学家的理论表述，但在以种种方式检测其组织构成后，它们已获得了相当多的实质性内涵。在成长中的孩子中，节点－连接结构不断扩大，而成长的主要步骤至少大致对应皮亚杰的心智发展阶段。这些阶段并不纯粹是个人成长中的偶然事件，而是显示了某些跨文化的规律性的一般过程。因此，在生物学与文化的整体关系中，文化形成的语义机制比其生成的最终产物更为强劲和连贯。

对于每个概念，大脑都倾向于选择一个构成标准的原型，例如以特定的波长和强度来形成理想化的红色，或是以特定的体型和大小来形成典型的“狗”。在给出一系列相似变体的情况下，大脑可以推导出一个接近变体平均值的标准，并在没有直接感知到任何示例的情况下将其用作原型。对于基因－文化协同演化而言最重要的结果是，即使正在处理的刺激不断变化，分裂也会被创建和标记。简而言之，大脑会自动对世界施加一种半离散的、分层的秩序。

构成语义记忆基本单元的大多数概念都受到纯表型变异的影响，这些变异源于文化历史的特殊性。尽管如此，至少有一些类别在各种文化中一致地出现。正如埃莉诺·罗施（Eleanor Rosch）所示，这些类别包括基本的几何形状（正方形、圆形、等边三角形），六种基本情绪（快乐、悲伤、愤怒、恐惧、惊讶、厌恶）的面部表情，以及基本色彩（红色、黄色、绿色、蓝色）。

语义记忆的节点水平，无论是概念（最基本的可识别单元）、命题还是模式，决定了在文化中维持的行为或艺术作品的复杂性。例如，字母或表意文字的区分属于概念层面，对陌生人的最初口头反应是一个命题，而对乱伦禁忌的表达则是一种模式。如果这种语义记忆模型成立，那么我们可以预期，通过对记忆节点层次的进一步研究，可以更好地识别文化单元或“文化基因”，正如细胞化学的进展增进了我们对基因的理解，种群结构研究增进了我们对生物物种的理解。

尽管在更低层次的组织中，节点与文化的生成单元之间存在直接对应关系看起来是可能的，但我们没有理由期望文化更复杂的结构能以一对一的方式映射到语义节点上。例如，婚礼仪式和寺庙建筑是许多相互关联行为的结果，而这些行为源于具有多个文化基因的认知活动。这些行为又会随当地历史的特殊性而变化。然而，它们都可以实在地被解释为认知发展的结果，而后者主要是通过节点－连接网络的组合而实现的。文化演化就是通过将基本的生成结构插入和组合到语义记忆中，从而改变行为与艺术作品的外在表现形态。文化的复合结构源自语义节点。

表观遗传规律

认知发展的表观遗传规律决定了节点如何创建与组合以形成语义网络——进而形成文化——的方式。这些生理过程对来自环境的刺激进行了严格的筛选，随后改变了认知的每个步骤，从短期记忆和存储到长期记忆、回忆、感觉、幻想和决策。

文化经由筛选和偏向过程为生物学所引导，其中分析得最充分的例子出现在视觉词汇里。光的强度被感知为连续的变化；如果一个房间里的光通过调光开关逐渐提高或降低，有意识的大脑会将这种变化视为一个连续的延展（沿着或多或少均匀的梯度）。由于没有阶段或标志，语言中仅有相对较少的词汇用于描述光的强度变化。相反，视力正常的个体不会将波长的变化视为光的连续变化特性（尽管它确实是），而是将其视为蓝、绿、黄、红四种基本色彩，以及中间区域的各种混合色。如果一个房间里充满单色短波长（蓝色）的光，然后逐渐增加波长，这种变化就会被视为从一种基本色彩转变到另一种基本色彩的一系列阶段。我们已经了解了形成这种错觉的一些生理基础。先天的人类色彩分类源于视网膜视锥细胞分化出了三种类型，它们的最大敏感度对应于蓝色、绿色和红色。视锥细胞中的感光色素是膜蛋白，每个色素分子都与一个脱辅基蛋白结合。当受到光子照射时，色素从顺式异构体转变为反式异构体，脱辅基蛋白发生构象变化，从而使传入神经细胞去极化。红色和绿色色素最近已被识别出来，给它们编码的基因也已经定位和测序。关于色盲的孟德尔遗传学也已部分得到解决。色彩的进一步编码发生在丘脑外侧膝状体核的四类中间神经元里，这些神经元导向视皮质的处理中心。

这些事实与文化有何关联呢？色彩知觉中的表观遗传约束在所有已得到研究的文化的语言中都有反映。在布伦特·伯林（Brent Berlin）和保罗·凯（Paul Kay）的经典研究中，研究人员向世界各地20种语言（包括阿拉伯语、保加利亚语、加泰罗尼亚语、希伯来语、伊比迪奥语、日语、泰语、策尔塔尔语、乌尔都语等）的母语者，展示了用芒塞尔（Munsell）系统对色彩和亮度进行分类的片段数组（array of chips）。这些母语者被要求将他们语言中的每个主要色彩词放置在这个二维数组中。结果清晰地表明，这些语言的发展方式与色彩辨别的表观遗传规律密切相符。这些词语基本上形成了离散的类别，至少大致对应于先天区分的主要色彩。

埃莉诺·罗施进行的另一项实验进一步揭示了学习偏好的强度。在寻找认知的“自然类”时，罗施利用了新几内亚的丹尼人没有词汇来表示色彩的事实，他们只说mili（大致上是“黑暗”）和mola（“亮”）。罗施提出了以下问题：假如丹尼成年人开始学习色彩词，而如果色彩词与主要的先天色调相对应，那么他们是否会更容易学习？换言之，文化创新是否在一定程度上受到先天遗传限制的影响？罗施将68名丹尼志愿者分为两组。她教授其中一组一系列基于主要色调类别（蓝色、绿色、黄色、红色）的新发明的色彩词，大多数其他文化中的自然词汇都位于这些类别中。她教另一组一系列新词汇，这些词汇偏离了其他语言所形成的主要类别。第一组志愿者遵循着色彩感知的“自然”倾向，学习速度比另一组被给予了相对不太自然的色彩词汇的志愿者快大约两倍。当被给予选项时，他们也更倾向于选择这些词汇。

在一项关于“心理美学”的平行实验中，格尔达·斯麦茨（Gerda Smets）测量了不同复杂程度的几何图形引起成年人生理兴奋的程度。她运用的测量指标是α波阻塞，这种波阻塞通常被解释为一种表征兴奋（即使是在没有被意识感知到的情况下）的指标。最大反应的尖峰出现在冗余度为20%（比如，一个有10至20个转角的迷宫中就有这么多冗余度）的计算机生成图形上。更多或更少量冗余的刺激则要小很多。20%大约是标志、表意文字、饰带设计、格栅作品，以及其他用于即时识别与美感享受的设计的复杂性程度。换言之，艺术与书面语言的发展可能很大程度上受到认知固有限制的影响。

心理学家所描述的学习中的固有偏好，如“准备好的”（偏向）与“反－准备好的”（偏离），也许在恐惧症中表现得最为明显。恐惧症是与恶心、出冷汗以及其他中枢神经系统反应相关的极端的、非理性的恐惧。值得注意的是，这些恐惧症最容易为人类古代环境中的许多重大危险所引发，包括狭小空间、高处、雷雨、流水、蛇和蜘蛛，却很少为现代技术社会中的重大危险所引发，包括枪支、刀具、汽车、爆炸物和电源插座。

从基因到文化的转译

为了使基因与文化的协同演化更形象，可以想象一下两个遥远星球上的外星文明。这两种文明在文化复杂性方面与人类相当，而且都是通过学习来传递其所有文化。然而，在其中一种文明中，每个学习类别只能传播一种版本：一种语言，一首爱情歌曲，一种婚礼仪式，一种战争方式，等等。在这种极端形式（文化的“纯基因传播”）中，基因限制了学习过程——即使文化在课堂上得到讲授，在书籍里得到记录，等等。这种构想并不过分离奇。这一物种的个体就像加利福尼亚州的白冠麻雀，后者必须听到同类的鸟鸣才能学会如何鸣叫，而对于其他鸟鸣则完全不敏感。

第二种外星生物在外观上与第一种类似，却拥有完全空白的心智。所有的文化可能性都向居民开放。他们可以学习任何语言、任何歌曲、任何军事战术，几乎同样容易。在这种“纯文化传播”的情景中，基因指导身体与大脑的构建，但不指导行为。思维完全是历史中偶然事件（包括外星人生活的地方、他们遇到的食物，以及词语和手势的偶然发明）的产物。

人类当然位于这两个极端之间。我们的社会行为基于基因与文化的传播：我们可以学习各种各样的可能性，创新时常发生，但感觉器官与大脑的生物学特性使得某些选择更受青睐，或者至少是更容易学习。在某些类别（比如避免近亲繁殖）中，选择受到了严格限制。而在其他类别中，例如特定语言的语义内容（但不包括深层语法属性），选择则非常广泛，而且几乎是等效的。

这种心智发展的构想引出一个问题，即在一个给定社会的成员与整个社会之间，在选择文化基因方面存在着变异。文化演化与基因演化显示出了一些引人注目的相似之处。创新以突变的方式出现在种群中，像基因一样传播，并受到类似于自然选择与随机漂变过程的偏爱或舍弃。这些基于生物学的实体与环境的相互作用至少和传统的基因演化控制同样复杂，分析起来同样富有挑战性。最终必须考虑的变量包括社会所处的特定环境、与周围文化的接触程度、历史的偶然事件，以及成员中的遗传变异。

社会科学家与人文学者已相当深入地探索了这些问题。但是，尽管他们对于文化变异的描述丰富且富有启发性，却并没有深入心智生活的生物学基础。事实上，一般的对于行为与文化的归纳性描述永远无法触及这一目标；正如达尔文所言，仅仅攻击堡垒本身是不够的。更有希望的方法是更为间接的。它以分析与综合相结合的方式，从底层向上重构文化变异与核心倾向，利用生物学与认知心理学的事实来研究更复杂的社会现象。

我们不妨从一个简单的案例，即一个就认知过程而言在基因构成上相对一致的人类群体来着手分析。在 1980 年至 1982 年进行的研究（这些研究后来在 1984 年的《普罗米修斯之火》一书中得到描述）中，查尔斯·拉姆斯登（Charles Lumsden）与我致力于研究个体的学习和决策在没有遗传变异且环境相对不变的情况下朝向文化多样性的转变。我们着手研究，在认知发展的不同形式与不同程度的偏向下，会形成哪些文化多样性模式，并思考观察到的文化多样性模式是否与我们对这种发展的理解一致。

我们始于一个简单的观察，即每个人都会在可选择的婚姻习俗、着装方式、道德准则等方面有所偏爱。每当个体修正他们的记忆或面对日常生活中的决策时，他们都会在认知中演绎出遵循语义记忆特殊约束性的复杂事件的序列。并非所有正在处理的文化基因都会被同等对待；认知并非作为完全中立的过滤器而演化发展，思维更容易吸收和使用某些文化基因。此外，这些偏向通常会随着年龄的增长而改变，形成与社会的种群特征相适应的模式。

这些使用偏向在操作中既是离散的，又是分段的，因此可以通过转移概率来近似地描述，然后将其转化为变化率，作为马尔可夫过程来处理。社会学研究的经验表明，这样的模型可以在一定程度上纳入记忆与社会背景，以适应个体所做选择的实际（尽管并非所有）数据。我们研究了将经验与记忆纳入其中，从而使迈向文化变异的跨越更为可行的方式。

尤其是，从一个选择到另一个选择的转换率会受到他人已做出的选择（文化背景）的影响。对于这种社会影响，目前的定量研究很少，但我们对此已有足够的了解，证实它在不同行为类别之间存在显著的差异。例如，无论其他人的偏好如何，个体在一生中都会避免与兄弟姐妹发生近亲性行为，而个体在人群中的注意力倾向会随着望向同一方向的人的百分比的增加而逐渐增强。

借助这些数学技术，可以将决策过程与社交网络的影响转化为文化多样性模式。尽管这一阶段的工作是理论性的，但研究者已经得出了几个足够有趣、值得关注的一般性结果。首先，该方法确定了与认知科学研究最为一致的文化多样性的定量描述方式，即民族学分布（ethnographic distribution），包括不同社会中使用或至少倾向于使用竞争性文化基因的成员的相对频率。一个简单的民族学分布示例是：在 52% 的社会中，所有成员都更喜欢族外婚而不是近亲性关系；在 46% 的社会中，99% 的成员更喜欢族外婚；在 2% 的社会中，98% 的成员更喜欢族外婚。

这些模型的一个显著发现是，即使所有社会在特定认知与行为类别上都具有相当高程度的遗传偏向，仍可以预期会出现非常显著的文化多样性。即使整个人类在基因层面上更倾向于选择族外婚而不是近亲性关系，社会成员选择避免而非接受的比例在不同社会中仍会有所不同。思维的运作是概率性的，因此并不是所有的社会中都有固定比例的个体做出同样的选择，而是出现了多样性的模式，换言之，即民族学分布的形式。在每个不同的认知与行为类别中，人类似乎具有独特的发展偏向和敏感度。因此，文化多样性的程度和模式在这些类别之间可能存在差异。

常常有人论辩说文化多样性的存在表明不存在潜在的遗传约束。这个结论初看起来似乎合乎常理，但它是错误的：多样性的出现本身没有为约束是否存在提供任何证据。另一方面，多样性的模式可以告诉我们很多。另一个常见的误解是，生物学对多样性的影响意味着不同社会之间存在基因差异。但正如拉姆斯登和我所展示的，即使在基因上相同的人群中，也会出现具有独特模式的多样性。

这些模型还导出了从基因到文化的理论的另一个实质性结论。在不同的人类认知与行为类别中所展示的偏向和敏感度的微小差异，足以形成它们的文化多样性模式之间的显著差异。最引人注目的是，随着敏感度的改变，分布很快从单一模式转变为多重模式（这里的模式指的是高于周围频率的频率）。哪怕是用相对粗糙的民族学或社会学数据也足以检测到这些差异。它们展示了认知与社会心理学研究如何可以作为文化定量理论的一部分被直接纳入人类学与社会学的数据之中。

文化深深扎根于生物学。它的演化受到心智发展的表观遗传规律的引导，而这些规律又是由基因决定的。我们可以设想从基因规定到文化形成，再回到通过自然选择影响基因频率的完整因果链。基因－文化协同演化，这种已知的相互作用过程已经通过这一循环的一部分过程得到了证实，并且其中的一些关键步骤已经通过分析模型得到了研究。在这个领域里的进一步探索，对于未来的文化研究而言是非常有前景的。

The Bird of Paradise: The Hunter and the Poet

极乐鸟：猎人与诗人

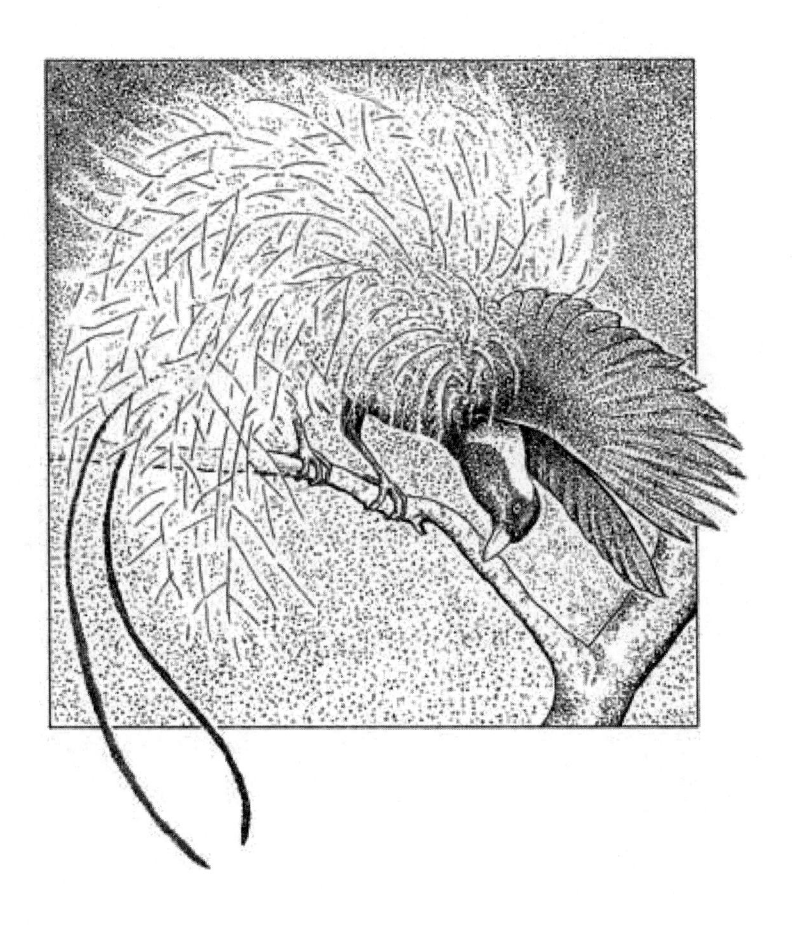

科学的作用，就像艺术一样，是将近在眼前的意象与更为遥远的意义融合在一起，将我们已经理解的部分连同新发现的部分融入更宏大的图景，这种图景要足够连贯一致，可以被接受为真理。当生物学家在野外工作中努力从自然变化无穷的模式中整理出秩序时，他们便直觉地领会到了这种关系。

想象一下新几内亚的休恩半岛，它的大小和形状接近于罗得岛，是主岛东北海岸突出的风化的一角。在我 25 岁那年，我刚拿到哈佛大学的博士学位，梦想着在那些难以叫出名字的遥远土地上身体力行地冒险，我鼓起了所有的勇气，径直穿越半岛的基部，开启了一场艰难而充满不确定性的徒步旅行。我的目标是采集蚂蚁以及其他几种小动物的样本，从低地一直到山顶。据我所知，我是第一个踏上这条路线的生物学家。我知道我发现的几乎每一样东西都值得记录下来，采集的所有标本都有资格被收藏进博物馆。

从南部莱城海岸附近的一个小站出发，步行三天，我来到了萨拉瓦吉德山脉的山脊，海拔 12 000 英尺。我身处林木线上方，来到了一片散布着苏铁的草地，苏铁是一种可追溯至中生代的类似于发育不良的棕榈树的矮生裸子植物；与之非常相似的祖先形式在 8 000 万年前可能曾是恐龙啃食的食物。在一个凛冽的早晨，当云雾散去，阳光变得明媚时，我的巴布亚向导召回猎犬，放下弓箭，不再猎杀高山沙袋鼠，我不再将甲虫和青蛙装进酒精瓶里，我们一起环视着这罕见的全景。向北我们可以望见俾斯麦海，南面是马克姆山谷与更远处的赫尔佐格山脉。覆盖着这个多山国家大部分地区的原始森林，随着海拔变化而形成了不同的植被带。我们正下方的区域是云雾森林，一片交错的树干与树枝构成的迷宫，被厚厚的苔藓、兰花以及其他附生植物覆盖，这些植物铺满了树干和地表。穿越这片高地，沿着狩猎小径前行，我感觉自己就像在一个昏暗的、铺满海绵状绿色地毯的洞穴里爬行。

千尺之下，植被稍微稀疏一些，呈现出典型的低地雨林样貌，只是树木更为密集和矮小，只有少数树木露出基部薄如刀片的板根，形成一个圆圈。这就是植物学家口中所称的中山地森林。这是一个拥有数千种鸟类、青蛙、昆虫、开花植物以及其他生物的仙境，其中许多生物是别处所没有的。它们一起构成了巴布亚植物群与动物群中最丰富、最近乎纯粹的部分之一。参观中山地森林，就像看到了成千上万年前人类出现以前的生命。

这片环境里的明珠是雄性线翎极乐鸟（*Paradisaea guilielmi*），它们可以说是世界上最美丽的鸟类之一，无疑是外貌最引人注目的约二十种鸟之一。在林间小道的岔路上轻声前行，你可能会瞥见一只线翎极乐鸟栖息在接近树梢的布满地衣的枝条上。它的头部形状类似乌鸦的头部，这不奇怪，因为极乐鸟与乌鸦有很近的亲缘关系，但它在外貌上与任何普通鸟类的相似之处仅止于此。它的冠和上胸呈金属绿色，在阳光下熠熠生辉。背部是富有光泽的黄色，翅膀和尾巴是深红色的。象牙白色的羽毛从腰部和胸部的侧面生长出来，在末端变为蕾丝般的质地。尾羽沿着胸部和尾巴继续延伸，形成金属丝般的附属物，与整只鸟的体长相当。嘴是蓝灰色的，眼睛是明亮的琥珀色，爪子是棕黑色的。

在交配季节，雄性线翎极乐鸟会一起聚集在上层树枝的交配竞技场，展示它们令人目眩的装饰，吸引那些着装相对朴素的雌鸟。雄鸟展开翅膀并颤动它们，同时抬起轻如薄纱的侧羽。它发出激越的忽高忽低的、长笛音色的音符，倒挂在栖枝上，展开翅膀和尾巴，将尾羽指向天空。

当舞蹈达到高潮时，它绿色的胸部羽毛蓬松地竖起，侧羽展开，形成一个围绕着身体的鲜亮白圈，仅有头部、尾巴和翅膀从中突出。雄鸟轻轻摇摆，使羽毛如同被微风吹拂般优雅地摆动。从远处看，它的身体就像一个旋转着的微微失焦的白色圆盘。

休恩森林里的这种奇异景象是经由数千代自然选择塑造而成的，其中雄性相互竞争，雌性进行选择，而装饰的展示则发展到了视觉的极致。但是，这仅仅是在生理时间中透过单一的因果层面看到的一个特征。在雄性线翎极乐鸟羽毛的表面之下，有一种结构标志着同样古老的历史的结晶，其细节超越了仅仅从色彩与舞蹈复杂而可见的展示中所能想象的程度。

将一只这样的鸟作为生物学研究的对象，分析性地加以思考。它的染色体内编码着形成雄性线翎极乐鸟的发育程序。它的神经系统是一个纤维束结构，比任何现有计算机的纤维束都更为复杂，与所有徒步探索的新几内亚雨林一样富有挑战性。将来的某一天，我们将能借助显微镜研究追踪由传出神经元向骨骼－肌肉系统传递电信号的过程，并在一定程度上重现雄性求偶的舞蹈。我们将能通过酶催化、微丝骨架结构以及生物电信号传递过程中的钠离子主动转运，在细胞水平上分析和理解这台机器。由于生物学涵盖了整个时空范围，随着每一步研究的进展，越来越多的发现将重新唤起我们的惊奇感。将感知的尺度转换到微米和毫秒，细胞生物学家的探索与博物学家在陆地上的探索是相似的。他从他自己的山头向外眺望。他的冒险精神，以及他个人的艰辛历程、迷失与胜利，在根本上是相同的。

以这种方式描绘的极乐鸟似乎变成了一个隐喻，呈现出人文学者最不喜欢科学的一点：它简化自然，对艺术无动于衷，科学家是熔化了印加黄金的征服者。但科学不仅仅是分析性的，它也是综合的。它会运用艺术般的直觉和意象。诚然，在早期的分析阶段，个体行为可被机械地还原到基因与神经感觉细胞的水平。但在综合阶段，即使是这些生物单元最基本的活动也被视为可以在生命体与社会的层面创造出丰富而微妙的模式。线翎极乐鸟的外在特质，比如它的羽毛、舞蹈和日常生活，是功能性的特征，通过对其组成部分的精确描述，我们可以对它们有更深入的理解。这些特质可以被重新定义为整体性质，惊人地转变我们的感知与情感。

未来的某一天，通过对所有艰难获得的分析信息的综合，极乐鸟将被重构。心智，通过运用一种新发现的力量，将重新回到我们熟悉的秒和厘米的世界，在那里，熠熠生辉的羽毛会再次成形，我们将透过一片树叶与雾气之网远远地观看它们。我们将再一次看到明亮的眼睛睁开，头部转动，翅膀舒展。但是如今这些熟悉的动作被放在了更大范围的因果关系中来看待。这一物种得到了更全面的理解，误导性的错觉已经让位于更全面的光明与智慧。随着一个完整智力周期的完成，科学家对物种真实的物质性质的探索部分地为猎人与诗人更持久的回应所取代。

这些古老的回应是什么？完整的答案只能以一种科学与人文相结合的方式给出，通过这种方式，研究回转向了自身。人类，也像极乐鸟一样，等待着我们分析－综合的审视。感觉与神话可以在生理时间中拉开距离来看待，以传统艺术的方式独特地看待。但我们也可以对它们进行更深入的探究（这是前科学时代难以望其项背的），深入其心智发育过程、大脑结构，乃至基因本身的物理基础。甚至也许可以将其追溯至文化形成以前，远至人类天性的演化起源。随着生物学研究中每一个新的综合阶段的出现，人文学科也将扩展其影响范围与能力。与之相应地，随着人文学科的每一次重新定位，科学也将为人类的生物学增添新的维度。

自然的丰裕

Nature's Abundance

The Little Things That Run the World

运转世界的小东西

无脊椎动物的种类要远多于脊椎动物。1988年，根据专家协助编制的文献，我估计总共有42 580种脊椎动物已得到科学的描述，其中有6 300种爬行动物，9 040种鸟类，以及4 000种哺乳动物。相比之下，已得到描述的无脊椎动物物种达到了99万种，其中仅甲虫就有29万种——大致相当于所有得到描述的脊椎动物总数的7倍。截至本书撰写时，我们估计，地球上的无脊椎动物物种多达1 000万种，甚至可能更多。

我们无法确知为何无脊椎动物如此多样，但是一种普遍的观点认为，关键在于它们的体型较小。相应地，它们的生态位也较小，因此它们能将环境划分为很多更小的、特化种可以共存的区域。我最喜欢的生活在微生态位中的特化种之一是寄生在行军蚁身上的螨虫：其中一种仅发现于兵蚁的上颚，它们在那里以宿主口中的食物为食；另一种仅发现于兵蚁的后足，靠吸血为生；还有其他各种奇异的分布。

无脊椎动物多样性的另一个可能成因是这些小动物的年代更久远，因此有更多的时间来探索环境。第一批无脊椎动物早在前寒武纪时期就出现了，至少有6亿年的历史。大多数无脊椎动物门类在脊椎动物出现之前便已繁荣发展，时间大约是在5亿年前。

此外，无脊椎动物通过其巨大的体量在地球上占据主导地位。例如，在巴西亚马孙河马瑙斯附近的热带雨林中，每公顷面积容纳了几十只鸟类和哺乳动物，但其中的无脊椎动物超过了10亿只，当中绝大多数是螨虫和弹尾虫。每公顷面积里的动物组织干重约有200千克，其中93%是无脊椎动物。仅蚂蚁和白蚁就占据了这一生物量的三分之一。因此，当你步行穿越热带雨林或大部分其他陆地栖息地时，或是当你在珊瑚礁或者其他海洋或水域环境中浮潜时，大多数时候吸引你注意力的是脊椎动物——生物学家会说你的搜寻目标是大型动物——但事实上，你正在探访一个主要由无脊椎动物构成的世界。

一个常见误解是，脊椎动物是世界的推动者和引领者，它们披荆斩棘，穿越莽林，消耗了世界上大部分的能量。在一些生态系统中，这可能是事实，比如有大量草食性哺乳动物的非洲草原。在过去的几个世纪里，就我们自己的物种而言，这在某种程度上显然也成了事实，我们如今以各种方式占用了植物所捕获的多达40%的太阳能。正是这种情形使我们对世界上脆弱的环境构成了威胁。但在世界上的大部分区域，是无脊椎动物而不是非人类脊椎动物担当了推动者和引领者。例如，在中美洲和南美洲，植物的主要消费者是切叶蚁，而不是鹿、啮齿动物或鸟类。仅仅一个切叶蚁群就可包含数百万只工蚁。一队队觅食者朝着各个方向行进100米甚至更远，切割丛林的叶片、花朵与多汁的茎。每天，一个成熟的蚁群可采集约50千克新鲜植物，比一头牛通常能收集的还要多。工蚁在土壤里挖掘垂直的通道以及深可达5米的生活室。切叶蚁以及其他种类的蚂蚁，与细菌、真菌、白蚁、螨虫一起处理了大部分死去的植被，并将其营养物质返还给植株，使庞大的热带雨林生生不息。

在世界的其他地方，情形也基本如此。珊瑚礁是由珊瑚动物的身体构成的。在开放海域中，最丰富的动物是桡足类，这是一类微小的甲壳动物，构成了浮游生物的一部分。深海的泥土是许多软体动物、甲壳动物以及其他小型生物的家园，它们以从上方有光照的区域沉落下来的木片和死去的动物为食，也会互相残食。

事实是，我们需要无脊椎动物，但它们不需要我们。假如人类在明天消失，世界将会继续前进，几乎不会发生任何变化。盖娅（Gaia）[①]，地球生命的总体，将开启自愈之旅，逐渐恢复到10万年前富足的环境状态。但是，假如无脊椎动物消失了，人类物种也许无法存活几个月。大多数鱼类、两栖动物、鸟类和哺乳动物会在差不多同一时间灭绝。然后，大部分开花植物会消失，随之而逝的是大部分森林以及其他陆地栖息地的物理结构。土壤会腐坏。随着死去的植被堆积、变干，滞塞营养循环的通道，其他复杂形式的植被也将死去，然后，脊椎动物的最后遗存也将消亡。余下的真菌，在尽享惊人的种群爆炸后也将灭亡。仅仅几十年内，世界就会回到10亿年前的状态，主要由细菌、藻类以及其他极其简单的多细胞植物组成。

除了上述使我们完全依赖于它们的功能以外，这些小小的世界主宰者为我们提供了无尽的科学探索与博物学惊奇的源泉。在几乎任何地方（除了最贫瘠的沙漠），当你用双手捧起一抔土壤，你就会发现成千上万的无脊椎动物，从肉眼清晰可见的大小到显微镜的尺度，从蚂蚁、弹

---

① 盖娅，古希腊神话中的大地女神。20世纪70年代，环保主义者詹姆斯·洛夫洛克（James Lovelock）与演化生物学家琳恩·马古利斯（Lynn Margulis）提出“盖娅假说”（Gaia Hypothesis），认为生物圈是一个包括众多反馈机制的，能够自我调节的系统。——编者注

尾虫到水熊虫和轮虫。你手中大多数物种的生物学特性都是未知的：对于它们的食物、捕食者以及生命周期的细节，我们仅有最模糊的概念，而对于它们的生物化学和遗传学，则可能一无所知。其中一些物种甚至可能没有科学名称。对于它们中的任何一个对我们的生存而言有多重要，我们几乎没有任何概念。对于它们的研究一定会教给我们新的造福人类的科学原理。每一个物种本身就是迷人的。假如人类不是那么仅为大小所动，他们一定会认为蚂蚁比犀牛更奇妙。

应该更加强调保护无脊椎动物。它们有着惊人的丰富性和多样性，但我们不应该因此就认为它们是坚不可摧的。相反，它们的物种与鸟类和哺乳动物一样，很容易受到人类干预所导致的灭绝的威胁。假如秘鲁的一个山谷或太平洋上的一个岛屿被剥夺了最后的原生植被，结果很可能是几种鸟类和数十种植物的灭绝。我们痛切地了解这样的悲剧，但我们却未能觉察数百种无脊椎动物物种也将会消失。

Systematics Ascending

系统生物学的跃升

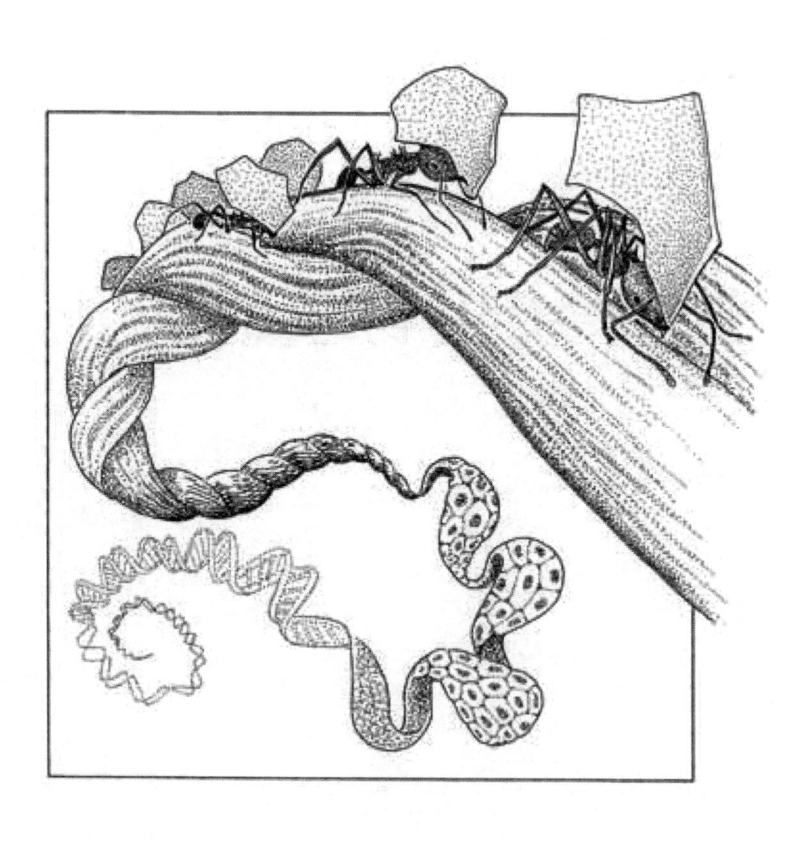

科学史学家杰拉尔德·霍尔顿称其为科学之“主题”（themata）的某些形而上学构想比一般的理论更有力量——也更不易受到威胁。艾萨克·牛顿关于上帝所著自然之书（book of Nature）的观念、查尔斯·达尔文自然选择的宏大构想、弗里德里希·恩格斯对辩证综合的描述，也许是其中最常见的例子。这些形而上学的主题塑造了理论的方向，同时也影响了科学家们对他们一生工作的整体思考。在我的印象中，这类主题性的转变已经开始在生物学领域里发生。

这一转变，如果我理解得没错的话，最终会推动生物学朝向对于其存在理由（raison d’être）的更早期、更强劲的观点发展。直到20世纪50年代，生物学家仍然强调生物的分类学类群，如昆虫、真菌和开花植物，而不是分子、细胞、有机体以及生态系统生物学中的组织层级。在20世纪50年代，一个极为有益的转变为分子与细胞生物学的起步创造了条件。它反映了这样一种信念，即必须通过对层次结构的深入分析，而不是通过对特定类型的生物的专门研究来探寻生物学的法则或原则。然而，如今这种世界观正在被另一种更为平衡的生命科学观念所取代，具体如下：在不久的将来，尽管一些生物学家仍将仅仅从组织层级的角度思考问题，并寻求最广泛的一般性概括，但更多的人将再次致力于研究各个组织层级中特定的生物类群。推动这一转变的是这样一种观念，即每个生物类群本身具有根本且不可改变的价值。因此，主导方向似乎将从生物学组织层级转变为在所有层级上研究的分类学类群。可以将这种转变想象为从近乎水平的方向转向更为垂直的方向——不是旋转整整90度，而是转45度左右。

结果将是生物学的多元化，以及专业博物学家在生物学研究中领导地位的恢复。所谓多元化，我指的是为特定生物类群本身而提高对它们的重视，增加对它们的研究。换言之，以分类单元为导向的学科，如两栖爬行动物学和线虫学，将重新收复被细胞生物学与生态学等以层级为导向的学科夺去的地盘。如此自如地运用于分子与细胞生物学的“基础”（fundamental）一词，将不仅被用于对一两个层级的宽泛概括，也被用于有关个别分类单元的重要发现，即使这些信息尚无法应用于其他分类单元。

这一转变并非倒退，它不会使生物学回到老旧的、纯粹描述性的博物学。新博物学家的技术范围从分子水平延伸至种群水平，演化生物学家学习分子技术，分子生物学家也对他们所研究的生物的演化投注兴趣。随着生物学家越来越多地致力于研究特定的生物类群，他们似乎注定会向着一种共同的语言和方法论聚集。两栖爬行动物学家、线虫学家以及与他们合作的分子生物学家已经开始以一种新的、共同的语言有效地交流。

多元化为什么是可能的

预示这一智性重组的第一个趋势是人们越发认识到，在生物学领域里几乎不存在既精确又广泛适用的普遍原则。分子生物学、细胞生物学以及其他以层级为导向的学科里的绝大多数研究通常是揭示一些虽然共同根植于物理科学，却仅仅涉及特定物种或至多是有限的物种群的真理。思考一下教科书里三个基本发现的例子：中性粒细胞的内吞作用、完全变态昆虫的幼虫激素作用，以及啮齿动物种群的密度制约。这些发现都不适用于从中发现它们的分类学类群以外的地方。其主要价值是启发式的：这些发现会激励人们在更广泛的生物类群中寻找类似的现象。它们被视为值得在其他地方寻找的现象，代表或许可以被抽象为更广泛适用的一般性范畴的类别。

新的一般性原则，生物学梦寐以求的目标，变得越来越难以捉摸。例如，人们发现密度制约在某些物种中存在，在其他物种中却不存在，并且当它存在时，我们唯有具备关于每一个特定物种的生命周期及其所在的生态系统的知识，方能理解其形式。免疫化学、化学感应、亲缘选择等都是如此。在我看来，生物学的一个显著特征是，尽管事实知识呈指数级增长，每10至20年就会翻倍，但每位研究人员每年得出的具有广泛适用性的发现却在急剧下降。造成这一趋势的主要原因之一是生物现象的历史性，它产生了特例，并且使得一般性伴随着理解的深入而逐渐瓦解。

在以层级为导向的革命中所取得的知识的快速进步，也孕育着局限于一两个相邻组织层级的研究之衰退的种子。新方法发明不久后就变得模块化——转变为可供所有人使用的精简化的、一定程度上自动化了的程序包。例如，从前晦涩难懂的技术，如电子显微镜、氨基酸序列分析以及多元分析，如今已经出现在简单易循的市售仪器操作指南里了。学科之间的共生是自然而然的结果。如今，系统分类学家往往会比较蛋白质，而分子生物学家也会构建演化树。

与此同时，生物学家对每个物种的独特性做了新的强调，认为物种不仅是一组彼此关联的生物的集合，也远不只是种群层级上可以相互置换的单位。你见过一个叶甲物种，绝不意味着你见过所有的叶甲。事实上，你对叶甲科仍然知之甚少。每个物种的基因中有 100 万至 10 亿个信息位，它们是由在物种的平均寿命（100 万至 1 000 万年不等，视分类学类群而定）内所发生的无数突变、重组和自然选择事件共同形成的。对每个物种的了解越深入，人们对其研究的尊重也就越多。

这种特殊性对于理解生命整体而言意味着什么呢？没有人知道现存生物物种（包括动物、植物和微生物）的总数，但可能至少有 500 万种，甚至可能多达 1 亿种。无论其数量有多少，人们相信这个数字仅代表曾在地质时间内出现过的所有物种的不到 1%。我们只是刚刚开始粗浅地探索地球上的生命，无论是现存的还是已灭绝的。

就生物学所能涵括这幅全景的范围而言，纯粹的历史将变得更重要。因为大多数生物学现象仅出现在少数支系上，其起源模式意味着一种独特的重要性。与那些迄今为止将生物学脆弱地统合为一个整一学科的组织原则一样，系统发育（分支模式）与演化等级（所达到的适应水平）无疑构成了生物学的核心。

同时，似乎也可以得出这样的结论，对于多样性的探索越充分，就能越快地发现真正的整一原则。生物学的原则是以多样性的语言书写的。研究人员常常半开玩笑地谈论据说是丹麦生理学家奥古斯特·克罗（August Krogh）提出的原则：对于每一个生物问题，都有一个理想生物作为它的解答。同样适用的是所谓的逆克罗原则（inverse Krogh rule）：对于每一个生物体，都有一个完美地适合它解决的问题，同时也有一些它无法解决的问题。大肠杆菌完美地适用于绘制基因图谱，但不适于研究减数分裂。叶猴与狮子有助于我们理解杀婴行为，却不是绘制基因图谱的最佳选择。在认知的太阳（epistemological sun）底下，每一种生物都有自己的一席之地。

简而言之，基础生物研究的未来在很大程度上取决于我们对多样性的探索。最可靠的发现路径将是一种新型的系统分类学，在其中，对特定生物类群的深入理解，将通过在生物学组织的所有层级间来回往复的研究而得到促进。成为线虫、硅藻或棕榈植物的世界权威意味着要承担起新的身份、获取新的专业知识——同时也会带来新的责任。

神经生物学的例子

神经生物学与行为学表明了大多数生物学研究发展的

方向。事实证明，最有效的策略是选择典范物种，对其进行详尽分析，以阐明从基因到行为的曲折路途中两个或更多相邻组织层级间的关系。在过去的30年里，一系列这样的关键物种已崭露头角。从最简单的到最复杂的（包括人类）不等，每一个物种都被用来研究某种现象，它们为此提供了相对容易乃至独特的路径。神经生物学家因而彰显了克罗原则与逆克罗原则的用途。

在最基础的层级上，是对大肠杆菌的运动控制的展示。大肠杆菌通过旋转其鞭毛（就像划动船桨）来移动。它改变路线的方式是改变鞭毛的旋转方向，使它可以翻转并朝向一个随机的新方向。通过不断试错，它最终能够向着营养物质移动，远离有毒物质。部分是由于系统简洁，生物学家在寻找识别化学刺激的蛋白质与处理刺激的关键蛋白质方面取得了显著进展。编码关键蛋白质的基因已被确定。因此，由于行为系统极度简单，生物学家得以将行为追溯至基因层级，然而这种行为模式与更为复杂的生物中的任何模式仅有极小程度的相似性。

在更复杂的生物——果蝇（*Drosophila*），尤其是黑腹果蝇（*Drosophila melanogaster*）——的遗传剖析方面，生物学家也取得了快速进展，因为对这些昆虫进行基因层面的操作相对容易。研究人员甚至可以创造出雄性细胞与雌性细胞混合而成的个体。这些雌雄嵌体被用来定位调节某些形式的生殖行为的感觉与神经组织。研究人员已经可以将不同组织的性别与果蝇个体的行为关联起来，从而定位那些通过神经系统处理感觉信息以及传出命令的基因。其他研究已经识别出了诸多控制交配和定位的基因，以及一部分导向行为表型的分子通路。

复杂的神经生理学记录也相当详细地追踪了加利福尼亚海蜗牛单个神经元放电的作用和模式。凭借海蜗牛神经系统相对容易获取和解剖的优势，这一方法开始揭示基本学习形式的细胞学基础，更进一步提示其分子机制。

在更高的组织层级上，社会性昆虫提供了富有教益的范例。蚂蚁、蜜蜂、黄蜂和白蚁的大多数行为，若不是放置在群体其他成员各类不同回应的整体模式中来看待，其意义便无法理解。其中最富有戏剧性的例子之一是行军蚁属（*Dorylus*）下的非洲的某些行军蚁。一个行军蚁群落由一只蚁后与多达 2 000 万只工蚁组成。这个六足帝国通过蚁后产生的强大引诱物质与抑制卵巢的信息素紧密地联系在一起。工蚁运用多种化学通信程序来招募行使不同功能的巢穴伙伴。各种化学信号与触觉信号的组合被用来指引巢穴伙伴找到食物、新的领地以及新的巢穴位置。尽管每只蚂蚁执行的行为不超过 50 种，但等级制度与劳动分工保障了群落层面复杂而有效的全套运作。将行军蚁群落与其他昆虫社会视为超有机体是合情合理的。它们可以像细菌和果蝇那样被拆解、分析和重新组合，而且更容易展示某些可能最终被证明是生物学组织普遍具有的更为一般性的特征。

通过在所有组织层级上巧妙运用比较方法，神经生物学与行为生物学应当会得到长足发展。再次强调，新方法的核心主题是多元主义。不同层级的研究选用了不同的特定物种，因为它们提供了最方便易行的进路。唯有当我们以演化史的视角，在生态系统中阐释每一个物种的特殊性时，来自实验室和田野观察的整套数据才能被统合在一起。唯有当足够多的这类信息积累起来时，持久的生物学原则才会出现。在我们能够谈论一种整全的生物学理论之前，实际上需要积累多少信息我们只能猜测。

系统分类学的管理

对于特定生物类群的深厚专业知识，假如能够与问题选择上的自由机会主义结合起来，将会成为未来生物学的潮流。个体研究者将越来越容易跨越从分子到种群的研究，将不同物种最清晰的图像拼合起来，创造出一种如同细节越来越丰富的马赛克一般的综合，构建起现代生物学。科学的进展似乎同样依赖于越来越多的物种专业知识的传播，而其终极目标是形成世界生物区系的完整图景。

以这种方式强化多元主义，要求系统生物学重新成为生物学的主导模式。

多元主义的趋势为系统生物学家，包括被称为分类学家的核心研究人员，提出了特殊的使命。作为一组物种的专家，**系统生物学家**的主要兴趣是多样性，包括分类，但也涉及关于其所偏爱的类群的其他生物学方面。**分类学家**是需要负责众多物种的系统生物学家，以至于他仅有时间进行分类。

博物馆以及其他拥有重要收藏品的机构在提供纯粹的分类学服务（尚不包括系统生物学更广阔的冒险）方面已经捉襟见肘。除了一些非常特殊的类群，比如哺乳动物和鸟类，新发现的生物的鉴定常常会延迟数月甚至数年。在许多生物类群方面根本没有专家 。分类学家（以及更宽泛的系统生物学家群体）无法完成人们期望他们做的工作。随着生物多样性研究的发展与实际需求的增加，尤其是在热带地区，这种不足可能会在短短几年内变得十分严重。

系统生物学家目前正陷入一场在一些批评家看来很大程度上无意义的，关于系统发生重建的方法论论争之中。我认为，这一方法论阶段是充满活力而富有成果的，尽管它无疑会在很大程度上因为直接读取基因编码的技术而得到增强，甚至在某些情况下被取代。这些争论已经产生了可用于推测物种形成过程中的相似度与分支程度的可靠技术。更重要的是，它们极大地改进了分类学程序，实现了技术的标准化，使得结果可以重复和独立检验。但是，这场论争的大部分内容毕竟只是方法论。时候已经到了，系统生物学必须继续前进，实现它的目标。否则，这一切的工作又是为了什么呢？

同样，生物学家为什么要做研究呢？当然是为了发现。阿尔弗雷德·诺思·怀特海曾说，科学家不是为了了解而去发现，而是因为了解而去发现。但在生物学中，发现的冲动要复杂得多。系统发生谱系的独特性使历史变得至关重要，而历史又形成了地方与生命的神圣感——不是一般而抽象的神圣感，而是与在特定栖息地里观察了一段特定时间的个别生物相关。因此，生物学满足了人类心智的两种伟大的拓展驱力：探索与丰富心智。多元主义这一主导观念确保生物学在任何可以想象的时间内都不会耗尽这两种驱力。

作为特定生物类群之专家的系统生物学家，不同于仅仅研究方法的人，必须在与其他科学的关系中克服某种沉默。我时常听到其他生物学家说，一位获得资助的分类学家去某个地方写了一篇专论，然后就没有下文了。他们还说，系统生物学家尚未系统地阐述一系列唯有他们才有资格回答的核心科学问题。

假如系统生物学确实是来自前分子时代的已被耗竭的

遗物，我们就不应试图阻止它进入衰老的漫长睡眠。然而事实恰好相反。正如在它辉煌的过去，广义的系统生物学在未来也将是生物学的关键。

一位负责任的专家是一个（被拣选的、服务于科学的）分类学类群的管理员。他或她最了解有哪些生物存在，以及存在于何处；哪些生物最濒危；哪些生物带来了新的有待解决的问题；哪些生物最有可能造福人类。系统生物学家的最佳策略是向尽可能广泛的受众解释这些问题，同时邀请其他生物学家协同合作。除了系统生物学家，无人能揭示软珊瑚、壶菌、角星天牛、短节蜂、隆盔星花、蜱蛛、象鼻鱼等生物在这份长长的、迷人的名单里所具有的特殊而非凡的价值。

Biophilia and the Environmental Ethic

亲生命性与环境伦理

亲生命性（biophilia）——如果它存在，而且我相信它存在——是人类与其他生物之间与生俱来的情感联系。从关乎其本质的有限证据来看，亲生命性并不是一种单一的本能，而是一系列可以单独分解和分析的学习原则的复杂组合。由学习原则所塑造的感情分布于多个情感光谱，从吸引到厌恶，从敬畏到漠然，从平静到由恐惧引发的焦虑。这些情感反应的多重线索被编织为符号，构成了文化的大部分内容。在人类走出自然环境之后，亲生命性的学习原则并不会为同样适应于当代生活技术特征的现代版本所取代。相反，它们会世代相传，在人造的新环境里萎缩并间歇性地表现出来。参观动物园的儿童和成年人比参加所有主要的职业体育赛事的人更多（至少在美国和加拿大是如此），富人仍然会选择在公共用地水域附近的高处居住，城市居民（由于他们无法解释的原因）仍然会梦见蛇，凡此种种，并非文化的偶然现象。

即使没有任何亲生命性的证据，从演化的逻辑也会得出其存在的假说。原因在于人类历史并不仅仅发端于8 000年或10 000年前，伴随着农业的发明与村落的形成。它始于数十万年或数百万年前，即人属的起源时期。在人类历史99%以上的时间里，人类一直生活在与其他生物密切互动的狩猎－采集社会中。在这段遥远的历史以及更久远的古人类时期，人类仰赖博物学的关键方面的精确知识。即使在今天，对于使用原始工具且具备植物与动物方面的实用知识的大猩猩而言也是如此。随着语言与文化的发展，人类也将各种各样的生物作为隐喻和神话的主要来源。简而言之，大脑是在一个生物中心的世界（biocentric world）而不是由机器调控的世界里演化的。因此，当我们看到，在仅仅几千年内，在已经完全城市化的环境里生活了一两代以上的少数人中，与那个世界有关的所有学习原则皆已被抹除，这也是相当不同寻常的。

亲生命性在人类生物学中具有潜在的、深远的重要性，即便它只是作为弱学习原则（weak learning rule）而存在。它与我们对自然、景观、艺术与神话的思考息息相关，它邀请我们重新审视环境伦理。

亲生命性是如何演化的呢？答案很可能是生物文化演化（biocultural evolution），在这一过程中，文化在遗传性学习倾向的影响下发展，而规定这些倾向的基因在文化语境中经由自然选择得到传播。学习原则可以通过调整感知阈值，加速或阻碍学习以及调整情绪反应，得到不同程度的启动和微调。查尔斯·拉姆斯登与我共同构想了一种特定类型的生物文化演化，即基因－文化协同演化，在时间的历程中沿循螺旋形的轨迹发展：某一基因型使得某种行为反应更有可能发生，该反应增强了生存与繁殖适应性，因此，该基因型在种群中得到广泛传播，从而相应的行为反应也变得更加频繁。加上人类将情感转译为无数梦想与叙事的强烈的普遍趋势，于是产生了开凿艺术与宗教信仰之历史渠道的必要条件。

基因－文化协同演化是亲生命性之起源的一个合理解释。这一假说可以通过人类与蛇的关系得到阐明。我所设想的顺序如下，主要来源于艺术史家兼生物学家巴拉吉·蒙德克所确立的元素：

- 有毒的蛇类在世界各地的灵长类动物以及其他哺乳动物中引发疾病和死亡。
- 旧大陆猴和大猩猩通常既对蛇有天然的强烈恐惧，又为它们所吸引，并且会使用声音（包括少数物种特有的声音）交流，以提醒种群留意附近的蛇。因此，受到警告的群体会追踪入侵者，直到它们离开。

• 人类基因中也印刻着对蛇的厌恶。他们很容易在极少的负面强化作用下产生恐惧，甚至是完全的恐惧症。（自然环境中其他引发恐惧的因素包括狗、蜘蛛、封闭空间、流动的水和高处。几乎很少有现代工具，甚至是那些最危险的东西，如枪支、刀具、汽车和电线等，会产生同样的效果。）

• 作为旧大陆灵长类的一员，人类也对蛇感到着迷。他们愿意付费观看动物园里的蛇。他们广泛地将蛇用作隐喻，并将其编织进故事、神话与宗教象征体系。世界各地的人们所构想的巨蛇神的形象往往是矛盾的。它们通常呈半人半蛇状，准备造成报复性的死亡，但同时也能赐予知识和力量。

• 不同文化中的人们都会更频繁地梦到蛇，而不是其他动物，它们唤起了各种各样的恐惧和魔力。当萨满与宗教先知描绘这类形象时，他们赋予了它们神秘的与象征性的权威。蛇在大多数文化的神话与宗教中也扮演着重要角色，这看起来是一个合乎逻辑的结果。

因此，以下是亲生命性的蛇类版本的简要表述：在漫长的演化时间里，由于不断受到蛇类的邪恶影响，这种重复的经验被自然选择编码为遗传性的厌恶与着迷，然后表现在不断演化的文化的梦境和故事里。我推测，其他的亲生命性反应或多或少是独立起源的——通过同样的方式，但是在不同的选择压力下，并且涉及不同的基因组合与大脑回路。

当然，这种表述作为工作假说（working hypothesis）足够合理，但我们还必须问应该如何区分这些元素，以及如何检验一般的亲生命性假说。其中一种分析方式由贾雷德·戴蒙德（Jared Diamond）提出，即对不同文化的民族的知识与态度做相关性分析（correlative analysis），这种相关性分析旨在寻求所有人类反应模式中的共同因素。另一种分析方式，由罗伯特·乌尔里希（Robert Ulrich）与其他心理学家提出，乃是可精确重复的对于人类被试对吸引人与令人厌恶的自然现象的生理反应的测量。在增加两个元素后，这种直接的心理学方法会变得更有说服力，无论是支持还是反对一种生物学偏向。其一是测量对心理测试的反应强度的可遗传性。其二是追踪儿童的认知发展以确定引发反应的关键刺激，以及具有最强的敏感度与学习倾向的年龄。例如，细长形的蛇的蜿蜒运动似乎是引发对蛇的厌恶的关键刺激，而青春期前期可能是习得这种厌恶的最敏感时期。

鉴于人类与自然环境的关系正如社会行为本身一样，都是深远历史的一部分，认知心理学家在考虑其精神后果方面进展缓慢就显得有些奇怪。我们的无知可以被视为学院科学地图上的一片空白区域，等待着天才与原创性的发现，但有一个重要的情况：自然环境正在消失。因此，心理学家与其他学者有责任更紧迫地思考亲生命性。他们应该问：如果人类演化经验中的这一关键部分消失了或是被抹除了，人类的心灵会发生什么样的变化？

在我看来，正在发生的环境破坏中危害最大的部分无疑是生物多样性的丧失。因为生物多样性，从等位基因（不同的基因形式）到物种，一旦失去就无法重新获得。如果野外生态系统中的生物多样性能够维持，生物圈就可以恢复，并为未来的世代（以任何需要的程度）所用，带来无法估量的益处。而就其消亡的程度而言，人类会在所有未来的世代里变得更贫乏。贫乏到什么程度呢？以下估计提供了一个粗略的概念：

- 首先想一想生物多样性的数量问题。地球上生物物种的数量级尚无法估量。迄今已命名的物种约有 150 万种，但实际数量可能介于 100 万到 1 亿之间。其中我们了解得最少的种群之一是真菌，已知有 69 000 种，但据信有 160 万种。热带雨林中有数百万甚至数千万种节肢动物物种尚未得到充分的研究，深海广阔的海床上有数百万种无脊椎动物物种也是如此。然而，系统分类学中真正的黑洞可能是细菌。尽管大约有4 000种细菌已经得到正式的描述，但最近在挪威进行的研究表明，在每克森林土壤里发现的平均100亿个生物体中，有4 000至5 000种细菌，几乎都是科学界未知的新物种。此外，在平均每克附近海底的沉积物中，还有4 000至5 000种不同于第一组的细菌物种，大多也是新发现的。

• 海洋无脊椎动物、非洲有蹄类以及开花植物的化石记录表明，在自然条件下，每个演化枝——一个物种及其后代——平均可持续50万至1 000万年。其长度自祖先形式与其姐妹物种分离的时刻计起，直到最后一个后代灭绝为止。视物种而定。例如，哺乳动物的演化枝比无脊椎动物的短。

• 细菌的基因编码中约有100万个核苷酸对，而更复杂的（真核）生物（从藻类到开花植物和哺乳动物）的基因编码中有10亿至100亿个核苷酸对。

• 由于其漫长的历史和遗传复杂性，物种精确地适应了它们生活于其中的生态系统。

• 地球上的物种数量正以前人类时期的100至1 000倍的速率减少。目前热带雨林以每年超过1%

覆盖面积的速率消失，这意味着（如果我们采用最保守的参数值）大约有0.3%的物种迅速灭绝了，或者至少是会提前灭绝。很多具有全球视野的分类学家认为，地球上一半以上的生物物种生活在热带雨林中。如果这些栖息地中有1 000万个物种——一个保守的估算——那么我们失去这些物种的速率可能是每年3万个，每天74个，每小时3个。这个速率虽然骇人听闻，但实际上只是最低的估算，因为它仅仅基于面积－物种关系，而没有考虑污染、几近全面砍伐的干扰以及引进外来物种所导致的灭绝。

其他物种丰富的栖息地，包括珊瑚礁、河流系统、湖泊与地中海型荒野，也受到类似的侵袭。当这些栖息地中的最后一片残余被破坏时——例如，当山坡上的最后一块山脊被砍伐干净，或是下游的水坝导致最后一片浅滩被淹没——物种将大规模灭绝。栖息地面积消失的前90%减少了一半的物种数量，而最后的10%则会使剩下的一半消失。

这是一种推测，它是主观的，但也有理有据，也就是说，如果当前的栖息地变化速率仍然不受到控制，那么在未来的30年里，地球上20%或更多的物种将会因为人类的行为而消失或提前灭绝。从史前时期到现在，人类可能已经消灭了10%，甚至20%的物种。例如，鸟类物种数量估计已经减少了25%，从12 000种降至9 000种，其中大部分的消亡发生在岛屿。大部分巨型动物群——最大的哺乳动物与鸟类——似乎已经在几千年前世界上较偏远的地区被最早的狩猎－采集者和农民毁灭。植物和无脊椎动物的损失可能较小，但我们对考古学与其他亚化石沉积物的研究太少，甚至无法做出粗略的估算。从史前时期到现在以及未来的几十年里，人类的影响可能是自6 500万年前中生代结束以来最大的物种灭绝威胁。

为了论证起见，假设在人类出现以前存在的全球物种中已经有10%消失了，而除非采取重大行动，否则另外的20%也注定会迅速消失。失去的部分——无论采取何种行动，这都将是相当大的一部分——无法在对人类心智有意义的任何时期内为演化所取代。在过去5.5亿年里的每一次大规模物种灭绝之后，生命都需要大约1 000万年的自然演化才能恢复。人类在一代人的时间里的所作所为将导致未来所有子孙后代的贫乏。然而，批评者常常会这样回应："那又怎样？如果仅有一半的物种存活下来，那仍然是相当丰富的生物多样性——难道不是吗？"

目前，自然保护者（我也是其中之一）最常做出的回答是生物多样性所提供的巨大物质财富正面临风险。野生物种是新药、作物、纤维、纸浆、石油替代物的尚未开发的资源，也是恢复土壤与水源的媒介。这个论点显然是对的——当然，它一定会倾向于阻止反环保的自由主义者——但如果仅仅依赖于它，其中也暗含着一个危险的实质性缺陷。如果物种是按照潜在的物质价值来评估的，那么它们就可以被定价，被用来与其他财富交换，以及——当代价合适时——被丢弃。然而，谁能判断任何特定物种对于人类的**终极**价值呢？无论该物种是否能够带来即刻的好处，都没有任何方法可以估量它在未来几个世纪里能为研究提供什么便利，能带来什么科学知识，如何造福人类的精神。

最后，我终于找到了一个难以言喻的词，即精神。谈到精神，我们就谈到了亲生命性与环境伦理的关联。在关于仍然留存的生命的道德推理中，有一个巨大的哲学分歧，即其他物种是否拥有天然的生存权利。这一判断取决于一个最基本的问题，即道德价值是否存在于人类以外——就像数学定律那样存在，抑或它是经由自然选择而在人类思维中演化出来的特殊构建，因而关乎精神。如果非人类的物种获得了高度的智慧和文化，它们可能会形成不同于我们的道德价值。例如，文明的白蚁可能会支持食用伤病者的同类相食行为，避免个体繁殖，并将粪便的交换与消耗视为圣礼。简而言之，白蚁的“精神”将迥异于人类的精神，事实上在我们看来令人恐惧。以这种演化观点来看，道德推理是通过学习原则，通过获得或抵制某些情感与知识的倾向来建构的。它们在基因上得到了演化，因为它们使人类获得了生存与繁殖的能力。

两个命题中的第一个——物种具有普遍的、独立的权利，无论人类对此作何感想——可能是成立的。假如这个命题能在一定程度上被接受，它一定会使环保主义者保护余下生命的决心更加坚定。但是，仅考虑物种权利的论点，正如仅考虑物质主义的论点，是一个会使生物多样性面临风险的危险开局。尽管它的推理直接而有力，但仍然是直觉性的、先验的，缺乏客观证据。试问：除了人类以外，谁能赋予这种权利呢？在哪里写明了这种权利的法规？而这些权利，即使被授予，也总是受制于等级排序，而且也会松动。对于物种生存权利的单纯呼吁，可以以对人类生存权的单纯呼吁来回应。如果需要砍伐最后一片森林来维持地方经济，那么尽管我们可以欣然承认森林中无数物种的权利，后者也只会被给予更低的、于事无补的优先级考虑。

在不试图解决物种的天然权利问题的情况下，我将主张建立一种基于我们自己物种的遗传需求的、权利问题以外的、强健而质感丰富的人类中心伦理观。除了已被充分描述的野生物种的潜在实用性，生物多样性还具有巨大的审美和精神价值。下述观点已为很多自然保护者和伦理学家所熟知，然而演化的逻辑仍然相对较新且尚未得到充分探讨，而科学家与其他学者所面临的挑战正在其中。

生物多样性就是创造。至少有 1 000 万个物种仍然生存着，每个物种都由数十亿个核苷酸对以及远远更多（事实上是天文数字）的可能的基因重组组成。它们构成了演化持续发生的场域。尽管生物体仅占地球质量的百亿分之一，但生物多样性是已知宇宙中所含信息最丰富的部分。在一小抔土壤里，有着比其他所有行星表面都更多的组织与复杂性。如果人类想要拥有一个令人满意的、与科学知识一致的创世神话——一个似乎本身就是人类精神的基本部分的神话——故事会从生物多样性的起源讲起。

其他物种是我们的生物亲属。从演化时间来看，这一认识是正确的。所有更高级的真核生物，从开花植物到昆虫，再到人类自身，据信是从大约生活在 18 亿年前的一个单一祖先种群的后代演化而来的。单细胞的真核生物和细菌通过更遥远的祖先联系在一起。这种遥远的亲属关系的标志是共同的遗传编码与细胞结构的基本特征。人类并不是像来自其他星球的外星人一样降临到这个充满生机的生物圈中的。我们是从已经存在的其他生物体中产生的，这些生物体在新生命形式的制造中进行了一次又一次的实验，最终得到了人类物种。

一个国家的生物多样性是其国家遗产的一部分。每个国家都拥有自己独特的植物和动物群集，包括（几乎在所有情况下）在世界上其他任何地方都无法找到的物种和地理亚种（geographic race）。这些群集是国家领土深厚历史的产物，早在人类出现以前便已存在。

生物多样性是未来的前沿。人类需要一个不断扩展的、无止境的未来愿景。这种精神需求无法通过殖民太空来满足。其他行星不适宜居住，而且抵达它们需要花费巨大的开支。距离地球最近的恒星如此遥远，以至于去往那里的旅行者需要数千年的时间才能发回信息。对于人类来说，真正的前沿是地球上的生命，是对它们的探索以及在科学、艺术和实际事务中传播关于它们的知识。我们可以简要地重述这一命题的依据：90% 或更多的植物、动物与微生物物种甚至还没有科学名称；以人类的标准来看，每一个物种都极其古老并且已经完美地适应了它们的环境；我们周围的生命在复杂性与美感方面远远超越了人类可能遇见的任何其他事物。

我们对人类与其他生命相依相连的多种方式仍然所知甚少，它们有待新的科学探索与富有想象力的美学阐释。

如果仅仅是提醒人们关注生发于人类的深厚历史、源自与自然环境的互动且如今很可能存在于基因中的心理现象，那么“亲生命性”与“亲生命性假说”这两个词就足够了。由于环境中仍然生存的部分正在迅速消失，这种探索就变得更加紧迫了，它不仅需要我们更好地理解人类的天性，还需要一种基于人性的、更强大的、在智识上具有说服力的环境伦理观。

Is Humanity Suicidal?

人类会自毁未来吗？

想象一下，在木星的一个冰冷的卫星，比如木卫三（Ganymede）上隐藏着一个外星文明的太空站。数百万年来，其科学家一直密切观察着地球。由于他们的法律禁止在有生命的行星上定居，他们通过配备先进传感器的卫星追踪地表，绘制了从森林、草原、冻土到珊瑚礁以及海洋中广阔的浮游海草床等各种生物群集的分布。他们记录了气候的千年周期，以冰川的进退以及零星的火山爆发为间隔。

观察者一直在等待着一个可称之为“时刻”（the Moment）的时刻。当它来临（仅占据几个世纪，因此在地质时间里只是一个瞬间）时，森林会收缩到不到原来一半的面积。大气中的二氧化碳会升至10万年以来的最高水平。平流层的臭氧层变薄，在两极出现臭氧层空洞。南美洲和非洲的火源释放出的富含一氧化二氮与其他有害物质的烟雾升入对流层高层，向东漂移穿越海洋。夜晚，地面会亮起数百万个光点，汇聚成横跨欧洲、日本与北美东部的明亮光带。来自波斯湾周围的天然气火焰形成半圆形的火焰带。

如果我们遇到这些观察者，他们可能会告诉我们，在大型动物巨大的多样性中，一种或另一种物种终将获得对地球的智能控制，这几乎是不可避免的。这一角色已经落在了智人的身上，智人是一种起源于非洲的灵长类动物，在 500 万至 800 万年前从黑猩猩的谱系中分离出来。不同于以往的任何生物，我们已经成为一股地球物理力量，迅速改变了大气和气候，以及这个世界的动物群与植物群构成。在现今的人口爆炸中，人类物种的数量在过去 50 年里已经翻了一番，（截至本书撰写时）达到 55 亿。预计在接下来的 50 年里，这一数字仍将再次翻倍。在演化史上，尚未有任何一个其他物种的生物量能比得上人类所产生的原生质。

达尔文骰子的滚动对地球不利。许多科学家认为，一种食肉的灵长类动物而非一种更温驯的动物取得了突破，对于生命世界来说是一种不幸。我们的物种保留了一些极大增强了我们的破坏性影响的遗传特征。我们是部落性的，具有强烈的领土意识，追求最低需求之上的私人空间，并且为自私的性与繁殖的驱力所引导。超越家庭与部落的合作并不容易。

更糟糕的是，我们对肉类的喜爱导致我们只能低效地使用太阳能。生态学的一个普遍规律粗略地说是，在光合作用捕获的太阳能中，仅有约 10% 被转化为食草动物组织中的能量。而这些能量中的 10% 能够到达食用这些食草动物的食肉动物的组织中。同样地，仅有 10% 的能量被传递给食肉动物。此后的一个或两个步骤，情形也是一样。在一条从沼泽禾草到蚱蜢，再到莺，最后到鹰的湿地食物链中，光合作用所捕获的能量会减缩千倍。

换言之，为了维持一只鹰的生存，需要大量的草。人类就像鹰一样，是顶级食肉动物，在吃肉时，处于食物链顶端，距离植物有两个或更多的链环。例如，如果吃鸡，就有两个链环；如果吃金枪鱼，就有四个链环。即使在今天，大多数社会的饮食以素食为主，人类仍在狼吞虎咽地消耗着其余的生命世界。我们占用了 20% 至 40% 原本会被固定在自然植被组织中的太阳能，主要是由于我们会消耗作物和木材，建造建筑物和道路，以及开垦荒地。在对更多食物的无止境追求中，我们已经导致湖泊、河流，（现在）甚至是公海中的动物数量减少。我们污染了每个地方的空气和水源，致使水位下降，物种灭绝。

总之，人类是一种对环境具有威胁的物种。也许，错误的物种拥有了智能，这对于生物圈来说注定是一个致命的组合。也许演化的一个法则是，智能往往会自行灭绝。

这种诚然有些令人沮丧的情景是基于人类具有骇人本性的理论，该理论认为人类在基因遗传中被编码得如此自私，以至于全球性的责任感只会姗姗来迟。个体把自己放在第一位，其次是家庭，然后是部落，而其余的世界则远在第四位。人类的基因也使他们倾向于至多为往后的一两代人做打算。人类为日常生活中的琐事和冲突而烦恼，却往往低估大地震、大风暴等自然灾害发生的可能性及其带来的影响。

演化生物学家认为，造成这种目光短浅的迷雾的原因是，在人属存在的200万年里，除了最近的几千年以外，这一特征实际上对人类有利。大脑在漫长的演化时间内演变成了现在的形态，在此期间，人类以小规模的、无文字的狩猎－采集者游群的形式生存。生命脆弱而短暂。我们对不远的未来与最近的后代予以最高的关注，对其余部分则甚少关心。几个世纪才会发生一次的大灾难会被遗忘或是被转化为神话。所以今天，人类的思维仍然只是安适地向后和向前看几年，跨度不超过一两代。在过去的时代里，那些基因倾向于短期思考的人比其他人活得更长久，拥有更多的孩子。预言家从未享有过达尔文意义上的优势。

然而，近年来规则改变了。全球危机正在即将成年的一代人的生命周期内急剧增加，这种紧缩或许可以解释为什么年轻人比老一辈更关注环境。由于人口与影响环境的技术均呈指数级增长，时间尺度已经缩短。指数级增长基本上相当于复利带来的财富增长。人口越多，增长越快；增长越快，人口膨胀的速度就更快。以一个人口增长迅速的国家尼日利亚为例，预计到 2010 年，其人口将比 1988 年的数量翻一番，达到 2.16 亿。如果同样的增长率持续至 2110 年，尼日利亚的人口将超过当前世界的总人口。

世界各地的人们都在追求更好的生活质量，对资源的搜取正以比人口增长更快的速度扩张。科学知识的增加正在满足这一需求——每 10 年至 15 年就会翻一倍。同时，造成环境破坏的技术的崛起也进一步加速了这一过程。地球上许多决定生活质量的资源是有限的，包括可耕地、营养物质、淡水与自然生态系统空间，因此，每隔一段时间就会翻倍的资源消耗可能会带来突如其来的灾难。即使一种不可再生的资源只用了一半，仅需一段时间间隔，它就会被消耗完。生态学家喜欢用法国的睡莲池问题来阐释这一观点。起初，池塘里只有一片莲叶，但第二天莲叶数量翻倍了，此后，它的每一个子代都会翻倍。池塘在 30 天内完全被莲叶填满。那么池塘什么时候是一半满的状态？

答案是，第 29 天。

然而，把数学练习放在一旁，谁能绝对有把握地衡量人类克服我们所感知到的地球之极限的能力呢？我们关心的核心问题是：我们是否正在冲向深渊的边缘，抑或只是在加快速度，准备飞向美好的未来？水晶球变模糊了；人类的境况越发令人费解，因为这既是前所未有的，又是光怪陆离的，几乎超出了理解力的范围。

身处不确定性之中，有关人类前景的看法往往分为不那么严格的两派。第一种是例外主义，认为鉴于人类智能与精神的超越性，我们的物种必定已经摆脱了约束所有其他物种的生态法则。无论问题多么严重，文明的人类凭借其聪明才智、意志力，还有——谁知道呢——神的恩赐，总会找到解决办法。

人口增长？例外主义者中的一些人声称，人口增长对经济有利，而且无论如何都是一项基本人权，所以就让它发展吧。土地短缺？尝试用聚变能来驱动海水淡化，然后重新开垦地球上的荒漠。（这一过程可以通过将冰山牵引至沿海的管道旁来帮助完成。）物种灭绝？不用担心，那就是大自然的行事风格。试着把人类看作地质时间里一长串灭绝因素中最近的一个。无论如何，由于人类已经摆脱老旧的、盲目的自然，我们开启了一种不同的生活秩序。演化如今应该沿着这条新的轨道继续下去。最后是，资源？如果允许人类的天才依次解决每个新问题，而无须对经济发展施加危言耸听的不合理限制，那么地球无疑拥有足够多的可持续资源。所以，坚定方向，轻触刹车。

关于现实的对立观点是环保主义，它将人类视为一种密切依赖自然世界的生物物种。其论点是，无论我们的智力多么强大，我们的精神多么坚韧，这些品质都不足以使我们摆脱人类祖先从中演化的自然环境的限制。我们不能因为过去成功解决了较小的问题，就信心满满。地球上的很多关键资源即将耗尽，大气化学环境正在恶化，人口已经增长到了危险的水平。自然生态系统，一个健康环境的源泉，正在不可逆转地遭到破坏。

环保主义世界观的核心是这样一种信念，即人类身体与精神的健康取决于维持地球状态相对不变。在完全的、遗传学的意义上，地球是我们的家园，人类及其祖先在数百万年的演化历程中一直生存于其中。自然生态系统——森林、珊瑚礁、海洋——正如我们所希望的那样维持着这个世界。当我们破坏全球环境、消灭生命的多样性时，我们是在拆除复杂得难以理解，更不用说在可预见的未来能够被取代的支持系统。空间科学家认为理论上存在近乎无限的其他行星环境，但几乎所有这些环境都不适宜人类居住。我们自己的地球母亲（近来被称为盖娅），是一种由生物体与其日复一日地创造的物理环境组合而成的特别聚合体，它可能会因为人类粗心大意的行为而失衡，变得致命。环保主义者总结道，我们面临着像一群迷路的领航鲸一般搁浅在外星球海滩上的风险。

如果这里的语气还没有表明我的立场，那么我现在明确地将自己置于环保主义者的阵营里。我并不是激进地希望时钟倒转；我不会将钉子钉入道格拉斯冷杉以阻止伐木；此外，我对生态女性主义之类混杂的运动感到不安，生态女性主义认为地球母亲是滋养一切生命的家园，应该像在前现代（旧石器时代和古代）社会那样受到尊敬和爱戴，并认为对于生态系统的滥用根植于男性中心主义（由男性主导）的观念、价值观与制度。尽管我是男性中心主义文化的产物，但我足够激进，可以认真对待越来越常听到的问题：人类是否会自毁未来？征服环境与自我繁衍的驱动力是否如此深植于我们的基因中，以至于势不可当？

我简短的回答——如果您愿意听的话，这是我的观点——是人类不会自毁未来，至少是在前述意义上。我们足够聪明，也有足够的时间来避免一场威胁到文明的环境灾难。但技术问题如此令人生畏，以至于需要重新引导大部分的科学和技术；而伦理问题则如此根本，以至于我们不得不重新思考我们作为一个物种的自我形象。

我们有理由保持乐观，有理由相信我们已经进入了可以大方地称之为“环境世纪”的时代。1992 年 6 月，联合国环境与发展大会在里约热内卢举行，吸引了 100 多位国家元首或政府首脑前往，这是有史以来与会人数最多的一次，有助于将环境问题推向政治舞台的中心；1992 年 11 月 18 日，来自 69 个国家的 1 500 多名高级科学家发布了一份名为《警示人类》（“Warning to Humanity”）的声明，称人口过度膨胀与环境恶化将危及生命的未来。宗教的绿化（greening of religion）已成为全球趋势，神学家与宗教领袖将环境问题作为道德问题来讨论。1992 年 5 月，美国大多数主要宗教派别的领袖在美国参议院的邀请下与科学家会面，共同起草了一份名为《宗教与科学共同呼吁环保》（“Joint Appeal by Religion and Science for the Environment”）的文件。各国政府与主要的土地所有者越来越认识到保护生物多样性对于国家未来的重要性。印度尼西亚，大部分亚洲原生植物和动物物种的家园，已经开始转向保护和可持续地发展余下雨林的土地管理实践。哥斯达黎加成立了国家生物多样性研究所。此外，一个总部位于津巴布韦的泛非生物多样性研究与管理机构也已经成立。

最后，人口统计学方面也有一些乐观的迹象。各大洲的人口增长率正在下降，尽管几乎每个地方的增长率仍远高于零，撒哈拉以南的非洲地区尤其高。尽管有根深蒂固的传统与宗教信仰，在计划生育中采取避孕措施的愿望正在传播。人口统计学家估计，如果需求得到充分满足，仅采取避孕措施就能减少超过20亿人口。

总而言之，人类有意愿采取行动。然而，可怕的真相仍然存在，即无论采取什么措施，大部分人将遭受苦难。在本书撰写之前的20年里，生活在绝对贫困中的人口已增至近10亿，20世纪的最后10年末还将增加1亿。发展中国家无论取得了多少进展（包括平均生活水平的总体提升），都面临着人口迅速增长以及森林和可耕地恶化的威胁。

我们的希望必须受到进一步的约束，这是一个核心问题，即在非生命环境与生命环境之间存在一个关键却很少被意识到的区别。科学与政治进程可以用来管理无生命的物理环境。人类目前已经掌握了物理稳态调节器。通过消除氯氟烃（CFCs），臭氧层很大程度上可以恢复到上层大气中，这些物质浓度的峰值将会是目前水平的6倍，然后会在未来半个世纪内逐渐减少。此外，通过难度大得多、初期成本也高得多的程序，二氧化碳与其他温室气体的浓度可以被降低至能减缓全球变暖的水平。

然而，人类之手**并没有**掌握生物稳态调节器。我们还没有办法微观地管理自然生态系统及其所包含的数百万种生物。也许未来的世代可以完成这项伟业，但对于生态系统，或许也包括我们来说，那已经太晚了。尽管创造看起来是无限的，但人类一直在削弱它的多样性。如果当前的趋势持续下去，地球将在一个世纪内变成一个贫瘠的星球。全球各地越来越频繁地报道物种大规模灭绝的情况。其中包括马来西亚半岛的半数淡水鱼类、瓦胡岛 41 种树蜗牛中的半数、田纳西河浅滩的 68 种浅水贻贝中的 44 种、厄瓜多尔森蒂内拉山脊上生长的 90 种植物物种，以及全美大约 200 种植物物种。此外，还有 680 个种和亚种目前被列为濒危物种。其主要原因是自然栖息地，尤其是热带雨林的破坏。其次是在夏威夷群岛以及其他岛屿引入了老鼠、猪、胡须草、马缨丹等外来物种，它们比原生物种繁殖得更快，导致了后者的灭绝。

全球范围内数千名专门从事多样性研究的生物学家意识到，他们能观察和报告的物种灭绝事件只是实际发生的灭绝情况中的一小部分。原因是，他们的设备每年只能追踪数百万个物种中的一小部分以及行星表面的小片区域。他们设计了一个描绘这一情形的一般标准，即只要仔细研究干扰前后的栖息地，就几乎总能发现物种灭绝。由此推论：绝大多数物种的灭绝从未被注意到。大量物种似乎在尚未被发现和命名前就已经消失了。

不过，还有一种间接估算物种消失速率的方法。对世界各地以及淡水与海洋的独立研究表明，栖息地大小与其所包含的生物多样性之间有很强的联系。即使是小规模的面积消失，也会减少物种的数量。其关联是，当栖息地面积减少到原来的十分之一时，最终物种数量会减少一半左右。热带雨林被认为容纳了地球上大部分的物种（这也是自然保护者如此关注雨林的原因），其面积的减少已经接近这个数值。目前，它们的总面积几乎相当于全美 48 个相邻的州的面积，不到其最初的史前覆盖面积的一半；它们每年都会缩小 1% 以上，相当于佛罗里达州一半的面积。如果运用典型值（90% 的面积减少导致 50% 的最终灭绝），那么全球热带雨林遭到破坏所导致的植物、动物与微生物种类的灭绝率预计为 0.3%。

考虑到面积减少以及所有其他灭绝因素的综合影响，我们在撰写本书时可以合理地预测，如果人类不改变当前的行为，到 2020 年热带雨林物种将减少 20%，甚至更多，而到 21 世纪中叶，则可能减少 50%，甚至更多。其他环境也在受到类似的侵蚀，包括许多珊瑚礁，以及西澳大利亚、南非与加利福尼亚的地中海型荒野。

在任何对人类有意义的时间内，正在发生的消亡都无法为演化所弥补。目前，物种灭绝的速度比新物种产生的速度快数千倍。在过去的地质时代里，物种及其后代的平均寿命因类群（例如软体动物、棘皮动物或开花植物）而异，从 100 万年到 1 000 万年不等。在过去的 5 亿年里，曾经发生过 5 次物种大灭绝，与如今由于人类扩张而加剧的物种灭绝规模相当。最近的一次发生在 6 600 万年前，显然是因为地球与一颗小行星相撞，结束了爬行动物的时代。每一次大灭绝之后，都需要 1 000 万年以上的演化才能完全弥补失去的生物多样性——而且需要在一个未受干扰的自然环境里。人类目前正在摧毁大多数演化可能发生的栖息地。

仍然留存的生物圈在很多方面仍是我们未知的地球领域。在实际的方面，我们甚至很难想象其他物种会在新药、作物、纤维、石油替代品或是其他产品方面为我们提供什么。我们对其他生物为生态系统提供的服务——比如净化水域、使土壤肥沃、制造我们赖以呼吸的空气——有所了解，但所知甚少。我们感觉到了高度多样化的自然世界对于我们的审美愉悦与心灵健康来说意味着什么，但还没有完全领会。

科学家还没有做好准备来管理正在消亡的生物圈。为了说明这一点，可以想一想他们可能会被委以的如下任务。最后一片热带雨林的残余即将被砍伐。环保主义者陷入了困境。合同已经签好，当地的土地所有者和政治家决心已定。一群生物学家仓促地准备做出最后的绝望之举，以非常规的方式来保护生物多样性。他们的任务如下：在砍伐开始之前，迅速采集所有生物的样本；在动物园、花园和实验室里培育并保存这些物种，或是用液氮将组织样本冷冻；最后，在社会与经济条件改善之后，建立一套程序，将整个生态群落重新组装到空地上。

生物学家们无法完成这项任务，即使他们有成千上万人，拥有数十亿美元的预算也不行。他们甚至无法想象如何做到这一点。森林里生活着无数物种，也许有 300 种鸟类、500 种蝴蝶、200 种蚂蚁、50 000 种甲虫、1 000 种树、5 000 种真菌以及成千上万种细菌等，这份名单还很长。每个物种都占据着一个精确的生态位，需要有一个特定的空间位置，一种刚刚好的微气候，以及特定的营养物质和温度、湿度周期（有触发生命周期不同阶段的特定节律）。很多（也许是大多数）物种与其他物种密切地共生；除非与它们的合作伙伴以正确的独特形态待在一起，否则它们无法生存和繁衍。

即使生物学家们完成了分类学上的"逆曼哈顿计划"，对所有物种进行分类和保存，他们也无法将整个生态群落重新组装起来。这就如同想用两把勺子把一个打散的鸡蛋恢复原状。使土壤恢复活性的微生物学在很大程度上不为我们所知。关于大多数花朵的传粉者以及它们出现的正确时间，我们也只能猜测。"组装的规则"，即物种必须以何种次序定居地球，才能无限期地彼此共存，这个问题仍然属于理论范畴。

由于忽视了其余的生命，例外主义无疑是失败的。继续前行，仿佛科学与企业天才会化解出现的每一个危机，这意味着正在衰亡的生物圈也可以被如此操作。然而世界太复杂，无法转变为一个花园。没有生物稳态调节器可供人类操作；如果我们不相信这一点，就会冒险将地球上的大部分区域变成荒地。

环保主义者的愿景是谨慎的，它不像例外主义那样热情洋溢，因而更接近现实。前者认为，由于受到人口与经济压力的制约，人类正在进入一个历史上独特的瓶颈期。为了能在也许是 50 至 100 年内穿越这个瓶颈期，我们需要投入更多的科学研究与企业家精神来稳定全球环境。根据专家的共识，唯有通过抑制人口增长，并且比以往更明智地利用资源，才能实现这一目标。而对于生态系统来说，明智的资源利用特指保护现存的生态系统，对它们进行微观管理，拯救其中的生物多样性，直到有一天，我们能够全面地理解和利用它们，给人类带来福利。

参考文献

本书中的文章系旧文重刊，为保持内容的时新性，大多做了适当修订，并获得了以下书籍章节与期刊文章出版方的授权。

"The Serpent," from the chapter of that title in *Biophilia* (Cambridge, Mass.: Harvard University Press, 1984), pp. 83-101. Copyright © 1984 by the President and Fellows of Harvard College.

"In Praise of Sharks," from an article of that title in *Discover*, 6 (July 1985): 40-53. Copyright © 1985 Discover Magazine.

"In the Company of Ants," *Bulletin of the American Academy of Arts and Sciences*, 45, no. 3 (1991): 13-23.

"Ants and Thirst," published as "Altruism and Ants," in *Discover*, 6 (August 1985): 46-51. Copyright © 1985 Discover

Magazine.

"Altruism and Aggression," published as "Human Decency Is Animal," *New York Times Magazine*, October 12, 1975, pp. 38-50.

"Humanity Seen from a Distance," published as part of "Comparative Social Theory," in *The Tanner Lectures on Human Values*, vol. 1 (Salt Lake City: University of Utah Press, 1980), pp. 51-58. Reprinted courtesy of the University of Utah Press, Cambridge University Press, and the Trustees of the Tanner Lectures on Human Values.

"Culture as a Biological Product," published as "The Biological Basis of Culture," in Joseph Lopreato, ed., *Sociobiology and Sociology*, a special monograph in *Revue internationale de sociologie*, n.s., 3 (1989): 35-60.

"The Bird of Paradise: The Hunter and the Poet, Science and the Humanities," from "The Bird of Paradise," in *Biophilia* (Cambridge, Mass.: Harvard University Press, 1984), pp. 51-55. Copyright © 1984 by the President and Fellows of Harvard College.

"The Little Things That Run the World," published in *Conservation Biology*, 1 (1987): 344-346. Reprinted by permission of Blackwell Science, Inc.

"Systematics Ascending," published as "The Coming Pluralization of Biology and the Stewardship of Systematics," *BioScience*, 39 (1989): 242-245. Copyright © 1989 American Institute of Biological Sciences.

"Biophilia and the Environmental Ethic," published as "Biophilia and the Conservation Ethic," in S. R. Kellert and E. O. Wilson, eds., *The Biophilia Hypothesis* (Washington, D.C.: Island Press, 1993), pp. 31-41.

"Is Humanity Suicidal?" published in the *New York Times Magazine*, May 30, 1993, pp. 24-29.